Fischer/Balzer/Lutz

EMV-Störfestigkeitsprüfungen

Peter Fischer/Gerd Balzer
Martin Lutz

EMV-Störfestigkeitsprüfungen

EMV-Prüfungen in Entwicklung und Qualitätssicherung nach neuesten Normen und Methoden

Mit 112 Abbildungen und 14 Tabellen

Franzis'

Die Deutsche Bibliothek – CIP-Einheitsaufnahme

Fischer, Peter:
EMV-Störfestigkeitsprüfungen : EMV-Prüfungen in Entwicklung und Qualitätssicherung nach neuesten Normen und Methoden / Peter Fischer ; Gerd Balzer ; Martin Lutz-
München : Franzis, 1992

ISBN 3-7723-4371-6

NE: Balzer, Gerd; Lutz, Martin

Titelfoto: Rhode & Schwarz

Satz: Concept GmbH, Höchberg bei Würzburg
Druck: sellier DRUCK GMBH, Freising
Printed in Germany - Imprimé en Allemagne.

ISBN 3-7723-4371-6
ISBN 13: 9783772343711

Vorwort

Mit der zunehmenden Integration und Miniaturisierung in der Elektronik wird die potentielle Energie zur Beeinflussung, Störung und Zerstörung elektronischer Bausteine immer weiter heruntergesetzt. Diese Tatsache hat bereits in der Anfangsphase des breiten Einsatzes elektronischer Bausteine zur Erkenntnis geführt, daß diese eines besonderen Schutzes bedürfen und zum Nachweis Prüfungen durchzuführen sind.

Da die Zusammenhänge zwischen Störquellen, Übertragungsweg und beeinflußten Funktionseinheiten nicht immer klar durchschaubar waren, konnte in der Frühphase des heute so bedeutsam gewordenen Qualitätsmerkmals EMV die Beurteilung der Störfestigkeit nur durch experimentelle Untersuchungen mittels Original-Störer, wie Schütze, Lötkolben, Motoren, Zündspule u. a. durchgeführt werden.

Die Reproduzierbarkeit der Meßergebnisse war naturgemäß unbefriedigend. Aus diesem Grunde begann in der militärischen Normung vor etwa zwei und in der zivilen Normung vor etwa einem Jahrzehnt die intensive Arbeit zur Beschreibung reproduzierbarer Prüfverfahren. Die ersten internationalen Standards, die diesem Anspruch gerecht wurden, erschienen um 1980 und haben bereits eine weitere Verbreitung und Anwendung gefunden.

Die bisher in der Normenreihe IEC 801-.. veröffentlichten und in Arbeit befindlichen Störfestigkeitsprüfverfahren sind phänomenorientiert aufgebaut und erlauben dadurch eine rasche Anpassung an den Erkenntnisstand der Technik.
So wurde z.B. der Standard für die Entladung statischer Elektrizität (ESD) in einer verbesserten, überarbeiteten 2. Ausgabe 1991 veröffentlicht.

Die Verfahren zum Nachweis der Störfestigkeit gegen elektromagnetische Felder und transiente Überspannungen (Burst) werden ebenfalls einer Revision unterzogen und im Verlaufe der nächsten zwei Jahre zur Veröffentlichung kommen.

Die Verfahren für energiereiche Transienten (Blitz) und die Simulation von elektromagnetischen Feldern im unteren Frequenzbereich durch leitungsgeführte Einkopplung der Störgrößen wurden in den zuständigen Normungsgremien bereits ausführlich diskutiert und stehen kurz vor der Herausgabe.

Die Aktualität der Beiträge ist dadurch gewährleistet, daß die Verfasser seit Jahren Mitglieder in den nationalen, europäischen und internationalen EMV-Normungsgremien sind.

Gerd Balzer
Peter Fischer
Martin Lutz

Hinweis zu den Autoren:

Herr Gerd Balzer ist Leiter des Typ-Prüfzentrums von Siemens, Karlsruhe, für EMV und sonstige Umweltprüfungen.

Herr Peter Fischer ist Geschäftsführer der Firma Schaffner-Elektronik GmbH, Karlsruhe. Die Firma stellt EMV-Prüfgeräte und Entstörkomponenten her.

Herr Martin Lutz ist Entwicklungsleiter für EMV-Prüfgeräte bei der Firma Haefely in Basel. Die Firma hat Hochspannungsprüfanlagen und EMV-Prüfgeräte in ihrem Verkaufsprogramm.

Inhalt

Teil 1

Gerd Balzer

Einführung und Grundlagen zu den Störfestigkeits-Prüfungen

1 Einführung

1.1 Allgemeines

In elektronischen Geräten und Systemen werden die jeweils modernsten Bauteile verwendet, um die Vorteile dieser Techniken voll nutzen zu können.

Die verfügbaren modernen Bauteile (z.B. µC-Bausteine) verarbeiten Signale mit sehr geringer Leistung, zu deren Verfälschung auch nur wenig Leistung benötigt wird. Die hohen Arbeitsgeschwindigkeiten haben zur Folge, daß bereits eine sehr kurz andauernde Verfälschung eines Signals zu einer Störung der Funktion führen kann (41). Die Energie, die zu einer Funktionsstörung führen kann, ist folglich sehr gering.

Zwischen verschiedenen Signalstromkreisen eines Gerätes oder Systems können durch Betriebsströme auf Bezugsleitern unerwünschte Kopplungen entstehen, die zu Signalverfälschungen führen können. Diese sog. „internen" Störungen in Systemen sollen in diesem Beitrag nicht behandelt werden.

In der Umgebung von elektronischen Geräten und Systemen sind häufig leistungsstarke elektrische Einrichtungen vorhanden. Unter bestimmten Bedingungen kann von der Umgebung in Signalkreise der Elektronik so viel Energie eingekoppelt werden, daß die Signalverfälschung zu einer Funktionsstörung führt oder gar ein Bauelement zerstört wird. So kann eine in der Umgebung der Elektronik erzeugte Störgröße über die Verfälschung des Nutzsignals das elektronische Gerät oder System beeinflussen, d.h. eine Funktionsstörung oder Zerstörung verursachen.

Die Störfestigkeit ist eine Eigenschaft, die die Beständigkeit des Systems gegenüber Störgrößen beschreibt. Eine hohe Störfestigkeit erhöht die Verfügbarkeit eines elektronischen Gerätes oder Systems. Andererseits entstehen höhere Kosten beim Entwurf, bei der Entwicklung und Fertigung der Baugruppen oder Funktionseinheiten, wenn eine hohe Störfestigkeit angestrebt wird. Das gegen alle Störer absolut störfeste System ist schon aus Kostengründen nicht realisierbar. Die Erhöhung der Störfestigkeit hat aber auch technische Grenzen oder verlangt nach Kompromissen bei den erreichbaren technischen Eigenschaften.

Das Ziel der Entwickler von elektronischen Geräten oder Systemen ist daher, ihre Systeme so zu konzipieren, daß sie gegenüber den am Einsatzort vorkommenden Störern ausreichend störfest sind. Hierzu wäre eigentlich eine Möglichkeit zur Nachbildung von allen im Einsatz auftretenden Beanspruchungen im Rahmen von Prüfungen günstig. In der Praxis sind aber einige wenige Prüfungen ausreichend, um die Störfestigkeit eines Systems unter Laborbedingungen (Prüffeldbedingungen) beurteilen zu können. Diese Prüfungen sind vielfach bereits genormt und in der Praxis erprobt.

Der Anwender, Projekteur, Ersteller, Betreiber usw. ist andererseits daran interessiert, daß ihm problemlose und mit angemessenem Aufwand einsetzbare Geräte und Systeme zur Verfügung stehen. Beim Einsatz ist zu beachten, daß – wie bereits erwähnt – das gegen alle Störer absolut störfeste Gerät oder System nicht realisierbar ist. Die am Einsatzort erforderliche Störfestigkeit ist jedoch im allgemeinen ohne besondere Probleme erreichbar. Sie wird realisiert durch Maßnahmen, die der Hersteller am elektronischen Gerät oder System trifft und durch Maßnahmen am Einsatzort bei der Errichtung bzw. Montage und Betrieb.

Zur Optimierung des Aufwandes ist es sinnvoll, die Maßnahmen im Gerät oder System und die bei der Aufstellung erforderlichen Maßnahmen aufeinander abzustimmen. Bezogen auf ein bestimmtes Gerät oder System können nur mit Hilfe von geeigneten Störfestigkeits-Prüfverfahren die am Einsatzort erforderlichen Maßnahmen im Labor „entwickelt“ werden. Die Einsatzbedingungen und die erforderlichen Maßnahmen werden dann in Projektierungsunterlagen, Montagevorschriften usw. niedergelegt.

Sie können dann – bezogen auf das Gerät oder System – recht konkret formuliert werden und Vorgaben bezüglich der zur Verwendung zugelassenen Materialien (z.B. Leitungen, Entstörmittel) und sonstige Maßnahmen (z.B. Anschluß und Erdung von Schirmen) beinhalten (40/42/44/45). Die Störfestigkeits-Prüfungen helfen also allen, die mit Elektronik zu tun haben.

1.2 Begriffe (48)

1.2.1 Elektromagnetische Beeinflussung

Elektromagnetische Beeinflussung (EMB)
Einwirkung elektromagnetischer Größen auf Stromkreise, Geräte, Systeme oder Lebewesen.
Anmerkung: Unter Systeme fallen technische (wie z.B. elektrische Anlagen) sowie biologische und andere Systeme.

Störaussendung
Von Störquellen abgegebene Störgrößen.

Störfestigkeit
Fähigkeit einer elektrischen Einrichtung, Störgrößen bestimmter Höhe ohne Fehlfunktion zu ertragen.

Störquelle
Ursprung von Störgrößen

Störsenke
Elektrische Einrichtung, deren Funktion durch Störgrößen beeinflußt werden kann.

Störgröße
Elektromagnetische Größe, die in einer elektrischen Einrichtung eine unerwünschte Beeinflussung hervorrufen kann.
Anmerkung: Störgröße umfaßt als Oberbegriff die Begriffe Störspannung, Störstrom, Störsignal, Störenergie usw.

Störsicherheitsabstand
Logarithmiertes Verhältnis der Beträge von Störschwelle und Störgröße am Ort der Einwirkung.
Anmerkung: In vielen Fällen wird anstelle individueller Störschwellen die spezifizierte Störfestigkeit für die Ermittlung des minimalen Störsicherheitsabstandes zugrundegelegt.

Periodischer Vorgang
Vorgang, der sich während einer bestimmten Betrachtungszeit in gleichen Zeitabständen wiederholt.
Anmerkung: Der periodische Vorgang ist im Frequenzbereich als Linienspektrum darstellbar.

Sinusförmiger periodischer Vorgang
Periodischer Vorgang, dessen Augenblickswert sinusförmig mit der Zeit verläuft.

Anmerkung: Der sinusförmige periodische Vorgang ist im Frequenzbereich durch eine einzelne Linie mit der Amplitude der Sinusschwingung darstellbar.

Nichtsinusförmiger periodischer Vorgang
Periodischer Vorgang, dessen Augenblickswert während einer bestimmten Betrachtungszeit nicht sinusförmig mit der Zeit verläuft (z.B. Puls).
Anmerkung: Der nichtsinusförmige periodische Vorgang ist im Frequenzbereich durch mehrere Linien mit den Amplituden der harmonischen Teilschwingungen darstellbar.

Nichtperiodischer Vorgang
Vorgang, der sich während einer bestimmten Betrachtungszeit nicht oder in nur ungleichen Zeitabständen wiederholt.
Anmerkung: Der nichtperiodische Vorgang ist im Frequenzbereich als kontinuierliches Spektrum (Amplitudendichtespektrum) darstellbar.

Einzelvorgang
Nichtperiodischer Vorgang, der sich während einer bestimmten Betrachtungszeit nicht wiederholt (z.B. Impuls).

Rauschvorgang (Rauschen)
Nichtperiodischer Vorgang, der nur mit Hilfe statistischer Kenngrößen beschrieben werden kann.

Amplitudenspektrum
Darstellung der Amplituden aller harmonischen Teilschwingungen eines periodischen Vorganges in Abhängigkeit von der Frequenz (Linienspektrum).

Amplitudendichte
Betrag der Fouriertransformierten eines Einzelvorganges bei einer bestimmten Frequenz.
Anmerkung: Die Amplitudendichte ergibt sich bei einer selektiven Messung eines Einzelvorganges bei einer bestimmten Frequenz, wenn die Dauer des Einzelvorganges klein gegenüber dem Kehrwert der Meßbandbreite ist.

Amplitudendichtespektrum
Darstellung der Amplitudendichte in Abhängigkeit von der Frequenz (kontinuierliches Spektrum).
Anmerkung: Wird in der Schwingungslehre auch als Spektralfunktion bezeichnet.

Empfangsgebilde
Elektrisch leitfähige Gegenstände, in denen durch elektromagnetische Felder Spannungen und Ströme erzeugt werden können.

Kopplung
Wechselbeziehung zwischen Stromkreisen, bei der Energie von einem Stromkreis auf einen anderen übertragen werden kann.

Galvanische Kopplung
Kopplung über gemeinsame Impedanzen, bei der auch Gleichstrom übertragen werden kann.

Induktive Kopplung
Kopplung über magnetische Felder.

Kapazitive Kopplung
Kopplung über elektrische Felder.

Bezugsleiter
Leiter, auf dessen Potential die Potentiale anderer Leiter bezogen werden.

Grenzwert
Der in einer Festlegung enthaltene größte oder kleinste zulässige Wert einer Größe (siehe DIN 40 200).

Einrichtung
Sammelbegriff für Betriebsmittel und Anlagen bzw. Gerät und System.

Masse
Gesamtheit der untereinander elektrisch leitend verbundenen Metallteile einer elektrischen Einrichtung, die für den betrachteten Frequenzbereich den Ausgleich unterschiedlicher Potentiale bewirkt und ein Bezugspotential bildet.

1.2.2 Elektromagnetische Verträglichkeit (EMV)

Elektromagnetische Verträglichkeit
Fähigkeit einer elektrischen Einrichtung in ihrer elektromagnetischen Umgebung zufriedenstellend zu funktionieren und dabei diese Umgebung, zu der auch andere Einrichtungen gehören, nicht unzulässig zu beeinflussen.

Funktionsstörung
Unerwünschte Beeinträchtigung der Funktion einer Einrichtung.
Anmerkung: Sammelbegriff für Funktionsminderung, Fehlfunktion und Funktionsausfall.

Funktionsminderung
Beeinträchtigung der Funktion einer Einrichtung, die zwar nicht vernachlässigbar ist, aber als zulässig akzeptiert wird.

Fehlfunktion
Beeinträchtigung der Funktion einer Einrichtung, die nicht mehr zulässig ist. Die Fehlfunktion endet mit dem Abklingen der Störgröße.

Funktionsausfall
Beeinträchtigung der Funktion einer Einrichtung, die nicht zulässig ist und wobei die Funktion nur durch technische Maßnahmen wieder hergestellt werden kann.
Anmerkung: Technische Maßnahmen sind z.B. Instandsetzung, Austausch, Wiedereinschalten, Neuladen von Rechnerprogrammen.

EMV-Analyse
Zusammenstellung und Auswertung von EMV-Daten zur Feststellung des Grades der Beeinflussung von elektrischen Einrichtungen.

EMV-Bereich
Räumlich abgegrenzter Bereich, der durch vorgegebene Werte für Störaussendung und für Störfestigkeit beschrieben wird.

EMV-Programm
Systematische Vorgehensweise zur Sicherstellung der elektromagnetischen Verträglichkeit für eine elektrische Einrichtung.

EMV-Programmplan
Beschreibung aller in der jeweiligen Entstehungsphase einer elektrischen Einrichtung erforderlichen organisatorischen und technischen EMV-Maßnahmen, einschließlich des zeitlichen Ablaufs und Festlegung der zu erreichenden Ziele und Entscheidungskriterien.

EMV-Prüfplan
Beschreibung aller in der jeweiligen Entstehungsphase einer elektrischen Einrichtung erforderlichen Prüfungen.

Beeinflussungsmatrix
Matrix, bei der Störquellen und Störsenken einander gegenübergestellt werden. An den Kreuzungspunkten von Zeilen und Spalten wird der Grad der Beeinflussung angegeben.

Kopplungsmatrix
Matrix, bei der die möglichen Kopplungen zwischen einer Störquelle und einer Störsenke einander gegenübergestellt werden. An den Kreuzungspunkten von Zeilen und Spalten wird die Art der Kopplung angegeben.

1.3 Störmechanismen

Das grobe Modell für die Störmechanismen ist: Es gibt ein Phänomen – einen Störer, eine Störgröße –, welches eine Beeinträchtigung der Funktion oder eine Zerstörung in einem System – dem Gestörten – hervorruft. Die Beeinflussung erfolgt praktisch immer durch Beeinflussung der Signale. Die Bauteile erhalten dann „verfälschte" Signale und verarbeiten diese weiter. Häufig dienen die Leitungen der Eingänge, Ausgänge, Hilfsanschlüsse und mitunter die Netz-Versorgungsleitungen dazu, die Störgrößen in die empfindlichen internen Signalverarbeitungsteile eines Systems zu „transportieren".

Die Wege der Einkopplung und die physikalischen Zusammenhänge dabei sind in der Literatur, z.B. (5) ausführlich behandelt; an dieser Stelle sollen sie nicht näher untersucht werden. Erwähnt werden sollte lediglich, daß bestimmte Störgrößen meist auf eine für sie typische Weise stören.

Störmodell:
Zweck des Störmodells (Abb. 1.1) ist es, den Bereich der Elektromagnetischen Verträglichkeit verständlicher und transparenter zu machen. Durch die Dreiteilung

- Störquelle
- Kopplungsweg
- Störsenke

wird eine mathematische und meßtechnische Erfassung der z.T. komplexen Vorgänge möglich.

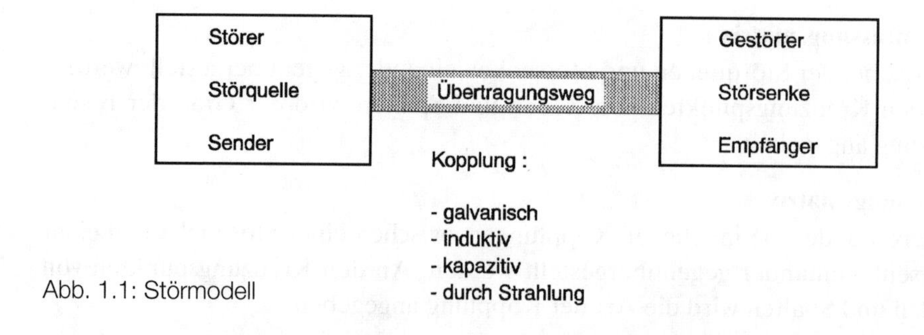

Abb. 1.1: Störmodell

2 Bekannte Störquellen

Folgende Störer kommen beim Einsatz von elektronischen Geräten oder Systemen häufig vor, so daß gegen eine Beeinflussung durch sie eine ausreichende Störfestigkeit gegeben sein sollte:

- Rauschen in vorgeschalteten Systemen/Leitungen
- Funkgeräte, insbesondere die tragbaren Geräte
- Geschaltete Induktivitäten (Schütze, etc.)
- Atmosphärische Entladungen (Blitz, EMP)
- Elektrostatische Entladungen
- Netz-Phänomene: Spannungserhöhung/Spannungsabsenkung, Spannungszusammenbruch/-einbrüche, Überspannungen, Oberschwingungen
- Andere elektronische Geräte oder Systeme (Abb. 2.1)

Der letzte Punkt macht deutlich, daß elektronische Geräte und Systeme als Störer für benachbarte andere Geräte oder Systeme wirken können. Ihre Störaussendung muß daher auch begrenzt sein.

2.1 Rauschen

Eine Rausch-Störung besteht aus einer großen Zahl von Einzelstörungen mit Zufallscharakter hinsichtlich Zeit und Amplitude. Rausch-Störungen können Meßsignalen dauernd überlagert sein und – insbesondere wenn die Eingangsstufen Nichtlinearitäten aufweisen – die Genauigkeit beeinflussen.

Die Nachbildung von Rausch-Störungen ist mit Problemen behaftet (3). Über die zulässigen Rausch-Anteile in Signalen gibt es keine normativen Festlegungen.

2.2 Funk-Einrichtungen, d.h. Störer, die Felder ausstrahlen

Hierzu gehören sowohl stationäre als auch mobile Geräte und Anlagen wie Handfunksprechgeräte, Funkdienste, Rundfunk- und Fernseh-Sender usw., die,

vor allem wenn sie in räumlicher Nähe betrieben werden, zu Beeinflussungen führen können.
Kennzeichen: Dauerstörgröße, Signal schmalbandig (moduliert), konzentrierte Energie in einem schmalen Frequenzband.

Bei der Inbetriebnahme, insbesondere bei der Einjustierung, bei Betrieb und Wartung der Elektronikanlagen in der Industrie, werden aber vielfach tragbare Funkgeräte (Walkie-Talkies) in unmittelbarer Nähe der elektronischen Systeme verwendet. Dabei sind wiederholt Beeinflussungen beobachtet worden.

Die Zusammenhänge bei der Beeinflussung sind komplex. Wenn die Störfestigkeit auch unter WORST CASE-Bedingungen gegeben sein soll, ist die Nachbildung problematisch (4).

2.3 Geschaltete Induktivitäten

Industrielle Meßsysteme arbeiten praktisch immer mit konventionellen Steuergeräten (Schützen) zusammen. Leuchtstofflampen-Vorschaltgeräte, nicht ausreichend entstörte Kaffeemühlen oder Staubsauger usw. kann es praktisch überall geben. Alle diese Störer erzeugen Störsignale, die einen ähnlichen Charakter haben (5, 6, 9, 11, 17, 18, 29, 42, 44).

Beim Abschaltvorgang von Schützen, beim Einschaltvorgang von nicht entstörten Leuchtstofflampen, beim Betrieb von nicht entstörten Universalmotoren entstehen „Bursts" mit folgenden Kennzeichen:

Kurzzeitstörgrößen, breitbandig, Anstiegszeiten: wenige Nanosekunden *)
  Pulsdauer: Nanosekunden … Mikrosekunden
Wiederholfrequenz der Pulse kHz … MHz *)
  Energie: einige mJoule
  Spannungshöhe: 100 V bis einige kV
Gesamt-Burst-Dauer von ca. 1 ms (5).
  *) Anm.: Je kleiner die Induktivitäten, umso steiler die Anstiegsflanken und umso höher die Wiederholfrequenz der Pulse.

Spannungen in dieser Größenordnung sind von verschiedenen Verfassern von Fachaufsätzen beobachtet worden (6, 7, 8, 9, 42, 44). Höhere Spannungen können nur in Ausnahmefällen auftreten, da die Durchschlagspannung von Installationen (Steckdosen usw.) auch in dieser Größenordnung liegt.
Die Stehstoßspannung (1,2 μs/50 μs-Impuls) beträgt bei

Überspannungskategorie 2 2,5 kV,
Überspannungskategorie 3 4,0 kV (10).

Die Störquellen sind häufig hochohmig, so daß bereits kleine Belastungskapazitäten (einige Meter Leitung) den Anstieg verflachen (6, 11).

2.4 Atmosphärische Entladungen

Gewitterentladungen und Schaltvorgänge im Stromversorgungsnetz verursachen dynamische Über- und Unterspannungen. Neben den oben beschriebenen hochfrequenten Störgrößen treten hier zusätzlich energiereiche Impulse auf.

Kennzeichen:	Spannungen	einige 10 kV
	Ströme	einige 10 kA
	Anstieg	ca. 1 µs
	Dauer	einige µs
	Energie	einige Joule

An Ein- oder Ausgänge der Industrieelektronik werden mitunter lange Leitungen (bis zu einige km) angeschlossen. Wenn eine atmosphärische Entladung (Blitzeinschlag) in der Umgebung erfolgt, kann an den Anschlüssen des elektronischen Gerätes oder Systems eine hohe Spannung entstehen. Die Höhe und Form der Spannung ist von vielen Faktoren (Leitungsverlegung, Bauausführung, Blitzeinschlagsort, Blitzstrom usw.) abhängig und kann durch den Aufbau des Systems beeinflußt werden (12).

Da diese Beanspruchung nur an bestimmten Anschlüssen unter bestimmten Randbedingungen auftreten kann, ist es nicht üblich, MSR-Systeme direkt für diese Beanspruchung auszulegen. Es werden deshalb in jenen Fällen, wo diese Beanspruchung auftreten kann, Schutzglieder verwendet (12), die zwischen Leitung und System geschaltet werden und die Überbeanspruchung (Störung oder Zerstörung) der Geräte verhindern. Der Einsatz dieser Schutzglieder muß bei der Konzeption des Systems berücksichtigt werden.

Auch Konsumgeräte – so z.B. Antennenanschlüsse an Rundfunkgeräten – können durch atmosphärische Entladungen beeinflußt werden. Die Störungen werden aber meist wegen ihrer geringen Häufigkeit toleriert, gegen Zerstörungen sind auch hier Schutzmaßnahmen erforderlich.

2.5 Entladung statischer Elektrizität

Der häufigste Störmechanismus ist: Eine Person lädt sich durch Begehen einer isolierenden Bodenfläche abhängig von der relativen Luftfeuchte elektrostatisch auf. Beim Anfassen eines Gehäuses oder Anschlusses am elekronischen

Gerät oder System erfolgt eine Entladung der Person (13). Die bei der Entladung in den Konstruktionsteilen oder Anschlußleitungen fließenden Ströme erzeugen Störgrößen in der internen Elektronik. Diese Störgrößen führen zur Störung des Systems (5, 14).

Die Bedingungen zur Simulation dieser Anforderung sind recht gut bekannt: Die Kapazität einer Person gegenüber der Umgebung kann mit 150 pF – 220 pF angesetzt werden. Die Aufladespannung kann bis zu 15 kV, im Extremfall bis 40 kV betragen. Bei der Entladung können ein Innenwiderstand von 150 bis 500 Ohm und Strom-Anstiegszeiten im ns-Bereich angenommen werden (13).

Wirtschaftlicher Schaden entstand bisher hauptsächlich beim Handling mit integrierten Halbleiterbauelementen, die bereits bei kleinen Spannungen (50 … 200 V) vorgeschädigt wurden, aber z.T. erst nach längerem Betrieb ausfielen. Mit der konsequenten Einführung von Maßnahmen zur Verhinderung von elektrostatischen Aufladungen (Schlagwort EGB-Maßnahmen) konnte dieses Sicherheits- und Qualitätsrisiko bisher nur im Fertigungsbereich merklich verringert werden.

2.6 Netz-Phänomene

Wie bereits erwähnt, können die Netzleitungen „Träger“ der Störgrößen sein; dies gilt für mehrere der bisher erläuterten Störquellen (16, 17, 18). Es gibt aber auch spezielle Netz-Phänomene, die die MSR-Systeme direkt oder indirekt beeinflussen können und deshalb beachtet werden müssen:

2.6.1 Spannungserhöhung/Spannungsabsenkung

Die Höhe der Spannung in öffentlichen Netzen ist – abhängig von Ort und Zeit – mit Abweichungen vom Nennwert behaftet. Weiterhin kann beim Zuschalten (Anlauf) von schweren Lasten die Spannung des versorgenden Netzes absinken; bei asymmetrisch belasteten Phasen dreiphasiger Systeme steigt in den weniger belasteten Phasen die Netzspannung an. In der VDE-Bestimmung 0160 (19) sind praxisnahe Anforderungen formuliert; gefordert wird dort die ungestörte Funktion in einem Bereich der Versorgungsspannung von 90 bis 110 % der Nennspannung dauernd und bei 85 % der Nennspannung für 0,5 sec. Die Simulation dieser Anforderungen bietet keine Schwierigkeiten.

2.6.2 Spannungszusammenbrüche und -einbrüche im Versorgungsnetz

Bei Schaltvorgängen, bei Kurzschlüssen, beim Ansprechen von Sicherungen, beim Hochlaufen von Verbrauchern mit großer Last usw. entstehen sporadische Spannungszusammenbrüche bzw. –einbrüche im Netz (20).

2.6.3 Überspannungen im Versorgungsnetz

Nichtperiodische Überspannungen entstehen durch transiente Vorgänge in den Netzen, z.B. infolge Nullpunktverlagerung im Drehstromsystem bei Mittelpunkt-Phase-Kurzschluß, während der Abschaltzeit des Schutzes (18), wie z.B. beim Sicherungsausfall.

Verursacht durch einen vorangegangenen Kurzschluß in einem Gerät/einer Funktionseinheit hat das Durchschmelzen einer Sicherung im niederohmigen Versorgungs-Netz an getrennt abgesicherten, parallel liegenden Verbrauchern zwei Phänomene zur Folge :

a) einen Einbruch der Versorgungsspannung im ms-Bereich bis die Sicherung auslöst und danach
b) als Folge des hohen Kurzschlußstromes (kA), der schlagartig unterbrochen wird, ein Hochschnellen der Spannung auf den 2- bis 3-fachen Wert der Nennspannung für die Dauer von 100 µs – 1 ms.

2.6.4 Oberschwingungen/Rundsteuersignale im Versorgungsnetz

Oberschwingungen entstehen im Versorgungsnetz durch sog. Netzrückwirkungen anderer Verbraucher. Rundsteuersignale sind bewußt auf das Versorgungsnetz überlagerte Signale zum Schalten von Betriebseinrichtungen (z.B. Zähler) durch den Betreiber mit z.T. erheblichen Sendeleistungen (kW).

Die Verzerrungen des versorgenden Netzes können die Betriebsweise von elektronischen Geräten oder Systemen beeinflussen. Die normative Behandlung des Problems ist im Gange (21). Auch in der VDE 0160 sowie in IEC 555 sind Anforderungen formuliert, die allgemeine Gültigkeit haben.
Bei elektronischen Geräten und Systemen haben die Kurvenform-Verzerrungen der Spannung des versorgenden öffentlichen Netzes noch nicht in nennenswertem Umfang zu Störungen geführt.

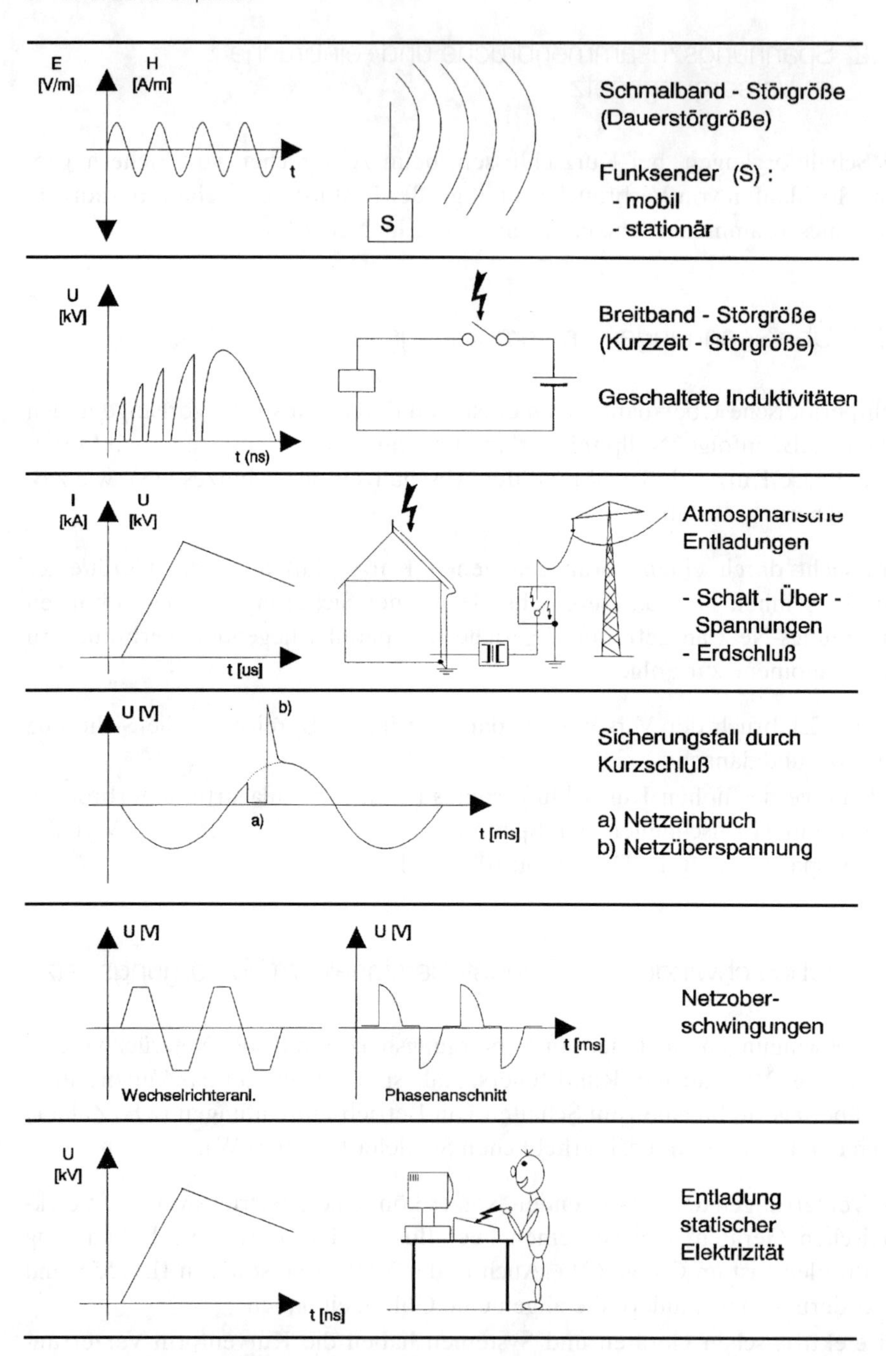

Abb. 2.1: Störquellen, Übersicht

3 Kopplungs-/Übertragungswege

3.1 Strahlungs-Kopplung

Eindringen von elektromagnetischen Wellen (z.B. Funksender) in Geräte/Systeme auch durch feste Stoffe (z.B Kunststoffgehäuse, Mauern). Diese werden nur durch elektrisch leitende Gebilde (Faraday-Käfig) verformt oder abgeschwächt.

3.2 Induktive Kopplung

Eine induktive (magnetische) Kopplung besteht z.B. in der Nähe eines Transformators großer Leistung oder bei stromdurchflossenen Leiterschleifen, wo Hin- und Rückleitung getrennt verlegt sind. Die induktive Kopplung ist besonders im tiefen Frequenzbereich (unter 1 MHz) von Bedeutung.

3.3 Kapazitive Kopplung

Die kapazitive (elektrische) Kopplung gewinnt erst bei höheren Frequenzen (ab 100 kHz) an Bedeutung, z.B. dann, wenn die Koppelkapazitäten von parallel geführten Leitungen keine nennenswerte Dämpfung mehr aufweisen.

3.4 Galvanische Kopplung

Galvanische Kopplung besteht, wenn Stör- und Nutz-Signal im gleichen Stromkreis wirken.

Beispiel: Bei der Zweifacherdung eines Analogstromkreises (0 … 20 mA/AUDIO-VIDEO-Signale) überlagern sich der Signalstrom und die Störströme des Erdungssystems.

4 Störsenken

4.1 Funk-Empfangs-Einrichtungen

Die empfindlichsten Störsenken waren in der Vergangenheit Funk- Empfangs-Einrichtungen. Schon sehr früh wurden dort EMV-Anforderungen in Form von Funk-Entstörvorschriften geschaffen, um die Höhe der Störgrößen zu begrenzen. Während bei Empfängern sich Dauerstörungen besonders unangenehm auswirken, konnten Kurzzeitstörungen praktisch unbegrenzt in der Höhe toleriert werden. Es mußten nur gegen Zerstörung Vorkehrungen getroffen werden.

4.2 Elektronische Einrichtungen

Gerade die einmaligen Kurzzeit-Störgrößen können die Speicherbausteine der Signalverarbeitung mit integrierten Schaltkreisen empfindlich treffen; deshalb konzentriert sich die Störungsbeseitigung und Störsimulation in den letzten Jahren hauptsächlich auf diesen Bereich der EMV.

In der Elektronik läßt sich eine Zweiteilung der Störsenken in der
a) analogen und
b) digitalen Signalverarbeitung
vornehmen.

Analoge Stromkreise sprechen im wesentlichen auf die Energie (Dauer des Störereignisses) an. Die digitalen Kreise sind empfindlich gegen zeitlich kurze Veränderungen von Strom und Spannung (di/dt, du/dt).

4.3 Messen der Störgrößen

Voraussetzung für eine praxisnahe Störsimulation ist die Kenntnis der Störphänomene und deren Kenndaten. Zur Erfassung der bereits im vorigen Abschnitt genannten Störgrößen bieten sich prinzipiell 2 Meßverfahren an, und zwar

a) im Zeitbereich (Oszilloskop) sowie
b) im Frequenzbereich (Meßempfänger, Spektrum-Analysator).

Hierzu sind in VDE 0847, Teil 1, den Funk-Entstörvorschriften VDE 0877 und den MIL-Standards (VG-Vorschriften, VG 95373) Meßverfahren angegeben.

Aus der Kenntnis der Meßdaten lassen sich die Parameter für die Störsimulation ableiten und in Prüfverfahren, Generatoren usw. umsetzen.

5 Ermittlung der Störfestigkeit durch Prüfungen

Eine Prüfung soll zur Beurteilung der Störfestigkeit geeignete objektive orts-, personen- und zeitunabhängig reproduzierbare Ergebnisse kostengünstig liefern.

Es wurde weltweit erkannt, daß eine Normung erforderlich ist, wenn den Entwicklern und Anwendern von elektronischen Geräten und Systemen unnötige Kosten erspart werden sollen.
Um die Aktivitäten zu koordinieren, wurde in der IEC ein Koordinierungs-Komitee gegründet (ACEC = ADVISORY COMMITTEE OF EMC).

In der IEC SC 65A (Technical Committee 65: Industrial Process-Measurement and Control, System Aspects) WG 4 (Working-Group 4) wurden Basis-Normen in der Reihe IEC 801-.. zu Störfestigkeits-Prüfverfahren erarbeitet. Diese sollen die Beurteilung der Störfestigkeit ermöglichen. Weiterhin liegt eine Übersicht vor (51). Alle diese Unterlagen werden über das Hormonisierungsverfahren der europäischen Normung CENELEC in das nationale Normenwerk DIN VDE übernommen. Weitere Normen sind in Vorbereitung (siehe Punkt 6).

Störsimulation:
Bei der Störsimulation kommt es nicht nur darauf an, die Störgrößen den natürlichen Phänomenen so realistisch wie nur möglich nachzubilden, sondern von großer Wichtigkeit ist, daß neben der Reproduzierbarkeit bei der Durchführung der Prüfung häufig eine Zeitraffung nötig ist, um bei getakteten Funktionsabläufen nach den Gesetzen der Wahrscheinlichkeit in einer wirtschaftlich vertretbaren Prüfzeit einen „Treffer“ zu erzielen.

In den folgenden Abschnitten werden die technischen Aspekte von Prüfungen behandelt. Im einzelnen werden die Probleme nach folgender Aufstellung besprochen:

- Prüfgeneratoren und Hilfsmittel, die die Störgrößen erzeugen,
- Prüfaufbau, Anordnung und Anschluß des Prüflings,
- Prüfschärfe, Höhe und Dauer der Beanspruchung,
- Durchführung der Prüfung,
- Beurteilungskriterien.

5.1 Prüfgeneratoren

Zur Erzeugung von Störgrößen werden Generatoren benötigt. Neben vielen „Eigenbau“-Generatoren (22, 39), die jeweils einen bestimmten Störer nachbilden, sind verschiedene Geräte zur Störsimulation am Markt erhältlich (49, 54, 55).

5.2 Prüfaufbau

Der Prüfaufbau muß einerseits eine rationelle und reproduzierbare Prüfdurchführung ermöglichen, andererseits die beim Einsatz vorkommenden Umgebungsbedingungen möglichst gut nachbilden.

Dabei muß sich der Prüfling in Betrieb befinden, die Prüfbeanspruchungen müssen appliziert und die Funktion sowie die Funktionsstörungen erfaßt werden können. Die vielseitigen Anforderungen werden durch die in den Normen angegebenen Aufbauten erfüllt (51, 52, 53). Die Art des Aufbaues kann die Prüfungsergebnisse stark beeinflussen. Deshalb ist die Einhaltung der in den Normen angegebenen Anordnungen wichtig.

5.2.1 Simulation schmalbandiger Störgrößen (moduliert, unmoduliert)

Die Verfahren der Bestrahlung von Prüflingen mit elektromagnetischen Wellen werden insbesondere im militärischen Bereich seit Jahren angewendet (MIL-Standard 461/462, VG 95373/374). Der zivile Bereich beschränkte sich bisher wegen des z.T. doch beträchtlichen Aufwandes im Bedarfsfalle auf die Prüfung mit Hand-Sprechfunkgeräten (VDI/VDE-Richtlinie 2190/2191).

Diese Festlegung ist aber insbesondere im Hinblick auf die internationale Normung unbefriedigend. Die Arbeitsgruppe WG4 im Technischen Kommitee TC 65 (neu: SC 65A) der Internationalen Elektrotechnischen Kommission IEC hat deshalb einen Standard mit abgestuftem Prüfaufwand ausgearbeitet, der 1984 als IEC- Publikation 801, Teil 3 erschienen ist (europäisch HD 481-3, national DIN VDE 0843, Teil 3).
Anmerkung: IEC 801-3 wird derzeit überarbeitet. Es werden im bisherigen Standard 3 Prüfverfahren angegeben:

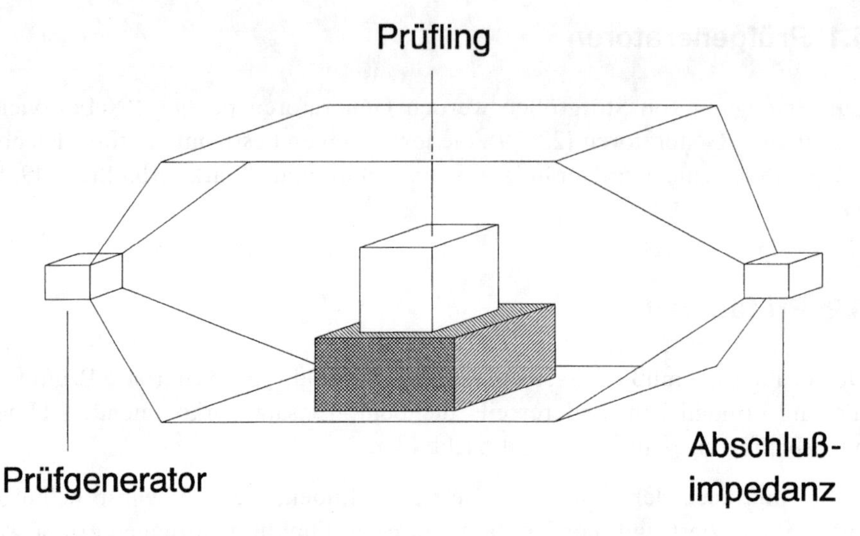

Abb. 5.1: Prinzipielle Meßanordnung in der Parallel-Streifenleitung

Parallel-Streifenleitung

Die Parallel-Streifenleitung besteht im wesentlichen aus 2 Kondensatorplatten, wobei der Generator an einer Seite die HF-Energie einspeist und die Gegenseite mit einer entsprechenden Abschlußimpedanz versehen ist (Abb. 5.1). Diese Methode ist sowohl von der Frequenz (ca. 30 MHz – 200 MHz) als auch von der Prüflingsgröße (Kantenlänge 30–50 cm) begrenzt. Die angeschlossenen Leitungen sind erst bei hohen Frequenzen (> 100 MHz) realistischen Feldbeanspruchungen ausgesetzt.

Geschirmte Meßkabine

Eine Bestrahlung in der geschirmten Meßkabine (Abb. 5.2) ist dann möglich, wenn die Feldstärke am Aufstellungsort des Prüflings kontrolliert werden kann. Abhängig von der Größe und dem Dämpfungsverlauf des geschirmten Raumes können sowohl der Frequenzbereich (10 kHz – 1 GHz) erweitert werden, als auch die Abmessungen des Prüflings größer sein (Kantenlänge z.B. 1 m).

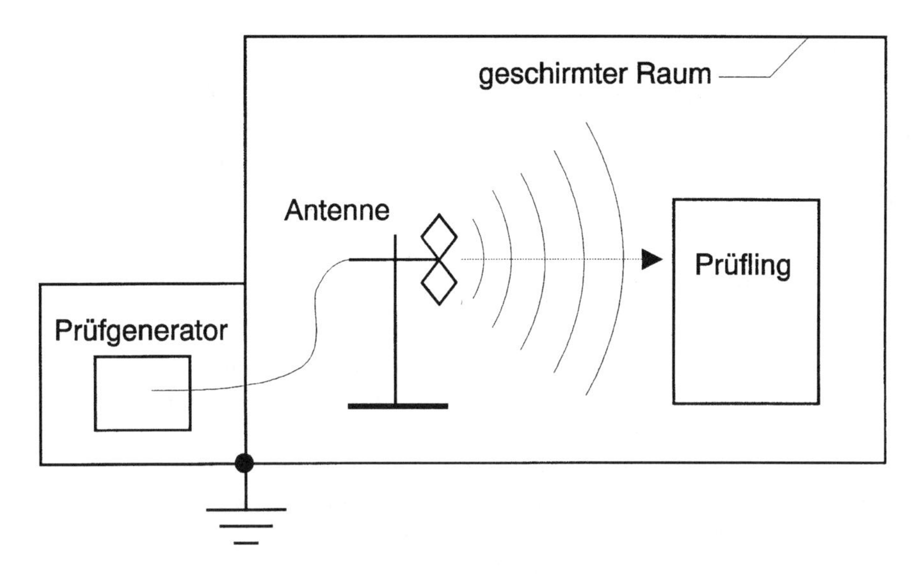

Abb. 5.2: Meßanordnung in der geschirmten Meßkabine

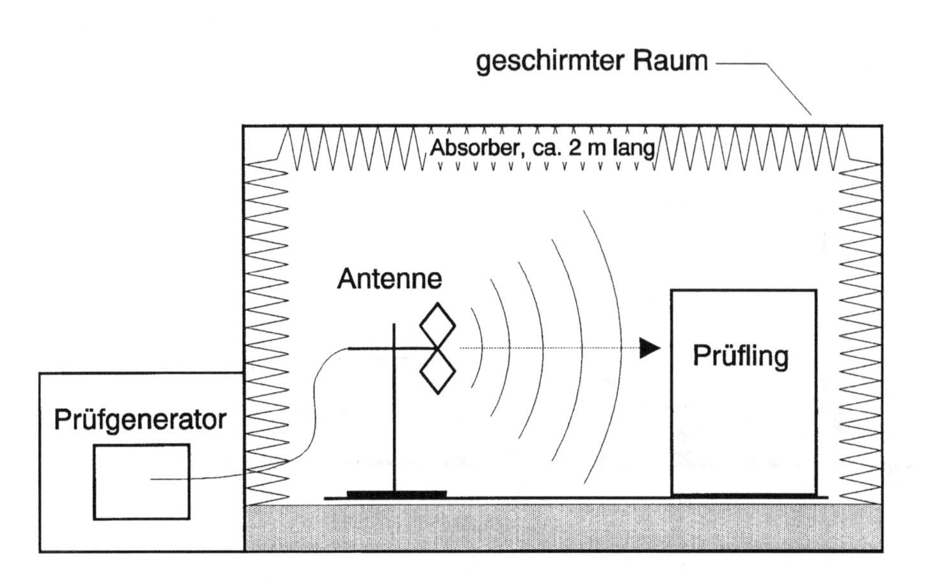

Abb. 5.3: Meßanordnung in der Absorberhalle

Absorberhalle

Für Messungen an größeren Gebilden (Schränken, Anlagen) bleibt kein anderer Weg, als die Verwendung einer geschirmten und mit Absorbern ausgekleideten Halle, um eine einigermaßen homogene Feldverteilung zu erreichen (Abb. 5.3)

Hochfrequenz-Strom-/Spannungs-Einkopplung

Eine weitere Möglichkeit, die Störfestigkeit gegen sinusförmige Dauerstörgrößen zu testen, ist in der VG-Norm 95373, Teil 14 enthalten (Abb. 5.4). Das Verfahren nutzt die Tatsache, daß leitende Gehäuse, Leitungen und Leitungsschirme als Antennen wirken und die elektromagnetischen Felder darin hochfrequente Ströme und Spannungen zur Folge haben. Die Spannungs- bzw. Stromeinspeisung erfolgt deshalb direkt auf Gehäuse, Leitungen und Schirme. In der IEC beschäftigt sich die bereits erwähnte WG4 im SC 65A mit einem Vorschlag für den zivilen Bereich, der als IEC 801-6 erscheinen wird.

Die Methode eignet sich für kleine und große Prüflinge gleichermaßen, und die nötige Generator-Ausgangsleistung ist erheblich geringer.
So eignet sich das Verfahren besonders im Frequenzbereich unter 30 MHz, wo die Anstrahlung wegen der Antennenabmessungen (Wellenlänge > 10 m) und den elektrisch zu kurzen Installationen in der Regel versagt.
Abhängig von den Prüflingsabmessungen ($< \lambda/4$) ist auch oberhalb von 30 MHz eine gut reproduzierbare Messung möglich (Beispiel: bei 100 MHz ist die zulässige maximale Kantenlänge des Prüflings 0,5 m).

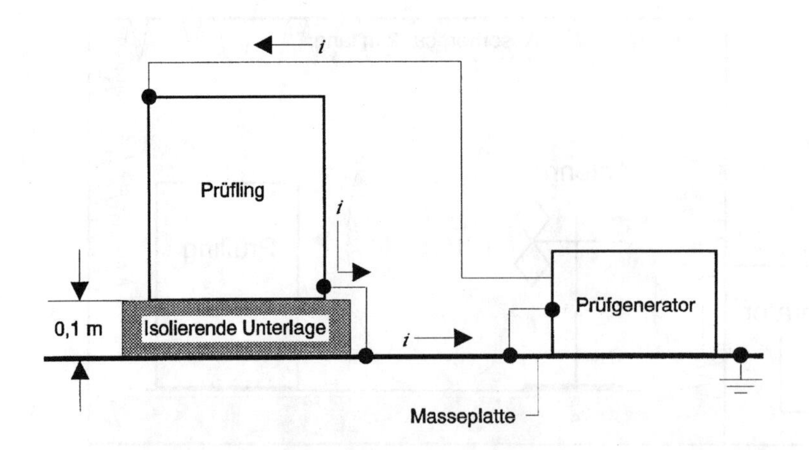

Abb. 5.4: HF-Strom-Einkopplung

5.2.2 Simulation breitbandiger Störgrößen (Pulse), leitungsgeführt

„Burst", schnelle Transienten

Für die Nachbildung von sog. „Burst"- oder „Büschel"-Störungen (Abb. 5.5) stand in der Vergangenheit kein geeigneter Generator zur Verfügung. Entweder konnten die Geräte nur einen steilen Impuls (ca. 1 kV/ns) mit geringer Wiederholfrequenz (z.B. 50/sec) oder die Wiederholfrequenz war höher; dafür aber war die Impuls- Anstiegszeit nicht reproduzierbar. Diesem Umstand wurde bei IEC TC 65 (SC 65A) Rechnung getragen und ein weiterer Standard der Normenreihe IEC 801, Teil 4 ausgearbeitet und im Jahre 1988 veröffentlicht. Die IEC-Publikation 801, Teil 4 „Electrical Fast Transient Requirements" ist identisch mit DIN VDE 0843, Teil 4, E.

Die Generatoreigenschaften wurden wie folgt festgelegt:

Ausgangsspannung (Leerlauf) 250 V – 4 kV
Innenwiderstand 50 Ohm
Daten bei 50 Ohm-Abschlußwiderstand:
siehe Abb. 5.5 bei halber Leerlaufspannung
T1 = 5 ns, T2 = 50 ns
Burst-Dauer: 15 ms
Spike-Wiederholfrequenz: 5 kHz/2,5 kHz
Burst-Wiederholdauer: 300 ms

Da es bisher nicht möglich war, mit wirtschaftlich vertretbarem Aufwand die eigentlich notwendige Wiederholfrequenz der Pulse von 50 kHz oder gar

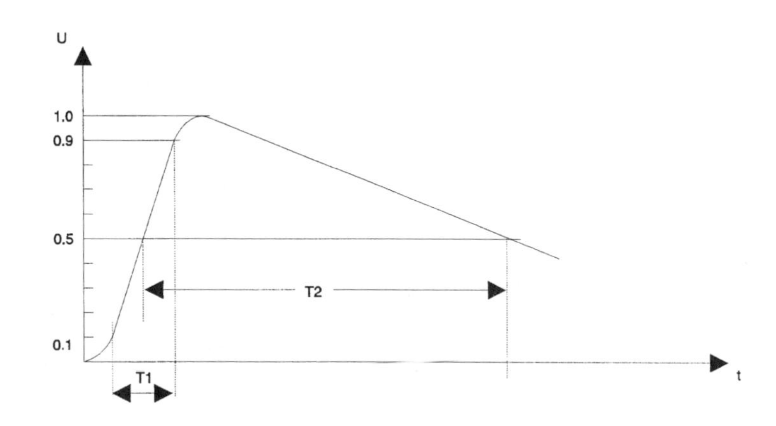

Abb. 5.5: Impuls innerhalb eines „Burst"

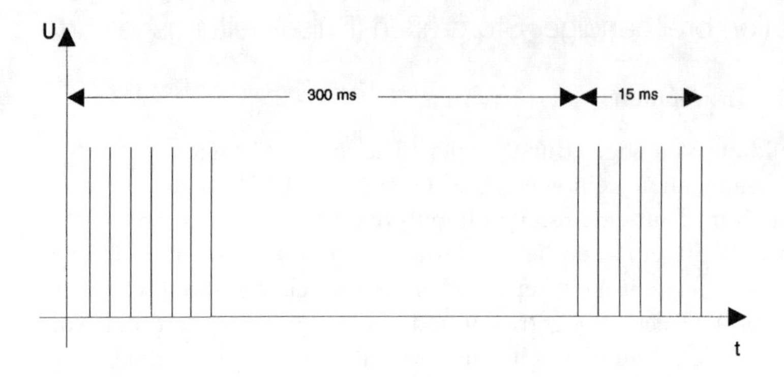

Abb. 5.6: Gesamt-"Burst"

500 kHz reproduzierbar zu erzeugen, wurde die Dauer der Beanspruchung entsprechend verlängert (ca. Faktor 10).

Die Unterlage enthält ferner Prüfanordnungen für die Einkopplung der Störgrößen auf
a) Netzleitungen (Abb. 5.7) und
b) Signalleitungen (Abb. 5.8).

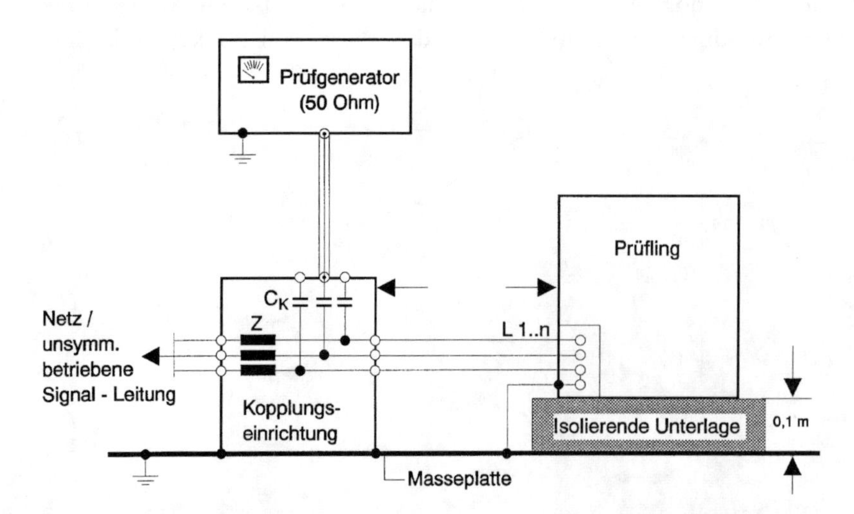

Abb. 5.7: Meßanordnung zur Einkopplung von Störgrößen auf ungeschirmte Leitungen (z.B. Netzanschluß)

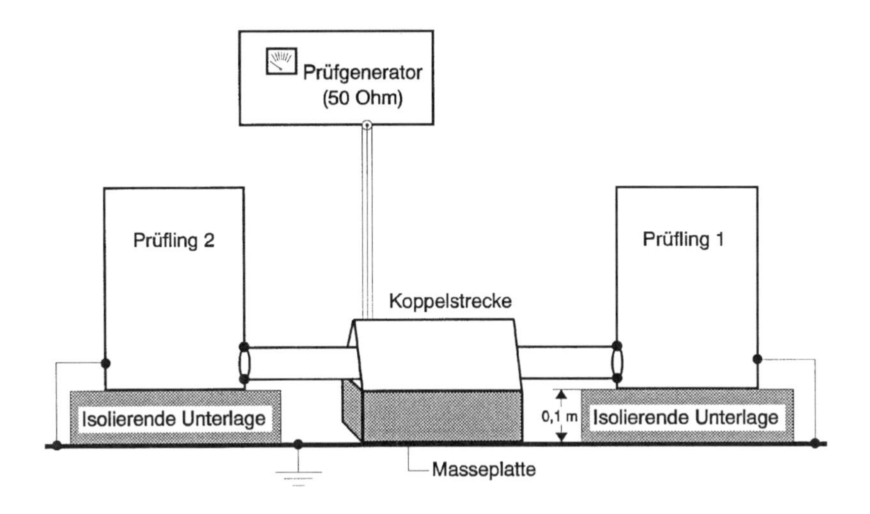

Abb. 5.8: Einkopplung auf Signalleitungen über die kapazitive Koppelstrecke

Die Kopplungseinrichtung enthält für jede Leitung einen Koppelkondensator (33 nF) und zur Entkopplung gegen das Versorgungsnetz ein Filter (Z). Die kapazitive Koppelstrecke (Länge 1 m) hat für die im „Burst" enthaltenen Frequenzanteile eine ausreichende Koppelkapazität (ca. 100 pF) und bildet eine parallel liegende, störbehaftete Leitung nach.

Überspannungen, Blitz

Der Bereich der Spannungsfestigkeit (Isolation) wird bereits durch zahlreiche nationale und internationale Normen abgedeckt (IEC, IEEE, CCITT). Für die Störfestigkeit sind z.Zt. Festlegungen im Gange, die als IEC-Publikation 801-5 „Surge Immunity Requirements"

– derzeitiger Stand 65A(Sekretariat)120 –

zur Veröffentlichung kommen. Grundlage ist der bereits bei IEEE festgelegte Hybrid-Generator mit dem
Spannungsimpuls 1,2 µs / 50 µs (Abb. 5.9) und dem
Stromimpuls 8 µs / 20 µs (Abb. 5.10) nach IEC 60-1.

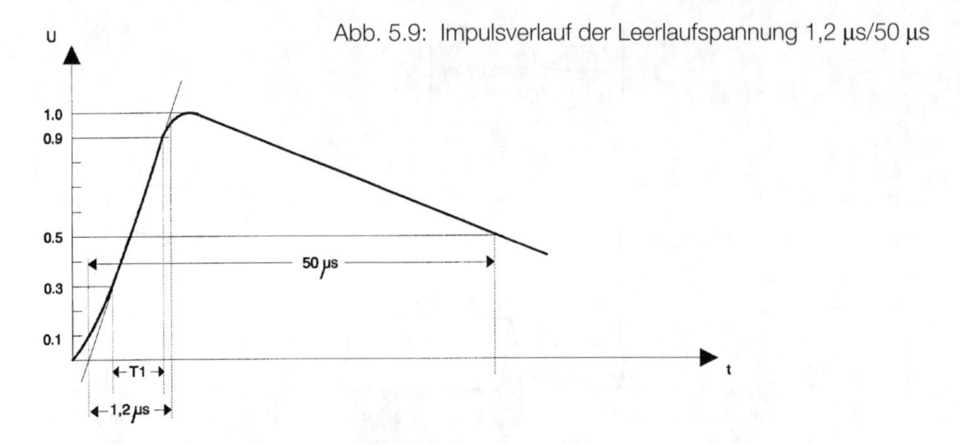

Abb. 5.9: Impulsverlauf der Leerlaufspannung 1,2 µs/50 µs

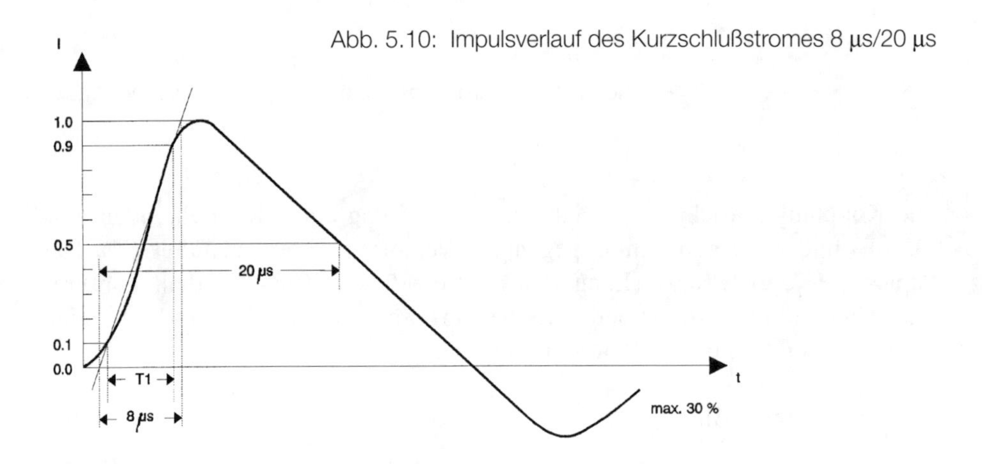

Abb. 5.10: Impulsverlauf des Kurzschlußstromes 8 µs/20 µs

Entladung statischer Elektrizität

Das Verfahren zur Simulation von Entladungen statischer Elektrizität ist mit Prüfgenerator, Prüfschärfengraden und Umgebungsklassifikation in IEC (TC 65) als IEC-Publikation 801 Teil 2 erschienen (= HD 481-2 = VDE 0843, T.2) und liegt seit Mitte 91 als revidierte Ausgabe IEC 801-2, Second Edition vor.

Bei der Funken-Entladung wird die Energie eines auf die gewünschte Prüfspannung (1–15 kV) aufgeladenen Kondensators von 150 pF über einen Widerstand von 150 Ohm (neuerdings 330 Ohm) direkt auf den Prüfling gebracht und damit die Wirksamkeit aller Dämpfungseigenschaften (Schirmung, Filterung, Erdung) überprüft (Abb. 5.11). Ist eine direkte Entladung (Kunststoffgehäuse) nicht möglich, aber in der Nähe des Prüflings denkbar, erfolgt die Entladung auf eine unter dem Prüfling angeordnete Masseplatte = Koppelplatte (isoliert,

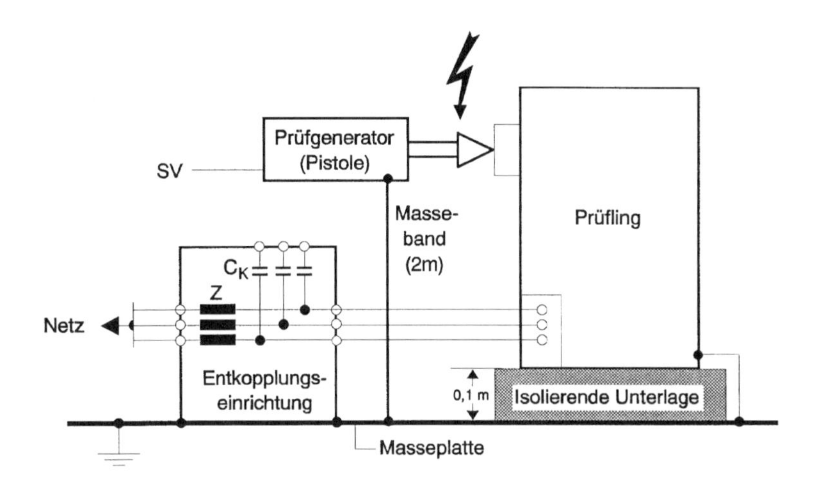

Abb. 5.11: Prüfaufbau für die Entladung auf elektrisch leitende Gehäuse

hochohmig mit Schutzleitersystem verbunden). Durch Verwendung eines Hochspannungs-Vakuum-Relais wird bei der direkten (Kontakt-) Entladung die Reproduzierbarkeit erheblich gesteigert.

5.2.3 Beeinflussung des Versorgungsnetzes

In der DIN VDE 0160 (50) sind Anforderungen formuliert, denen Betriebsmittel in Starkstromanlagen genügen müssen. Ob es sich bei den Abweichungen auf dem Versorgungsnetz um EMV- Anforderungen oder Netzbedingungen handelt, ist selbst unter Experten umstritten und soll hier nicht erörtert werden.

Die (Un-)Empfindlichkeit von Geräten gegen Unterbrechungen im Versorgungsnetz kann bereits mit entsprechenden Simulatoren gut überprüft werden. Einheitliche Festlegungen, die analog zu den bereits bestehenden Basis-Normen Generator, Prüfverfahren und Grenzwerte beschreiben, sollen mit einer in Diskussion befindlichen prEN 50093 mit dem Titel „Voltage dips, short interruptions ...“ und dem gleichlautenden BASIC-STANDARD Entwurf 77B (Secretariat)86 erreicht werden. Anforderungen zur Überbrückung von Netz-Unterbrechungen sind bereits in den Empfehlungen des „Normenausschusses Messen und Regeln“ NAMUR mit 20 ms Pufferzeit neuerdings enthalten.

Die Überprüfung der Festigkeit gegen Spannungsüberhöhungen im ms-Bereich entsprechend DIN VDE 0160 (Abb. 5.12) ist mit den derzeit am Markt

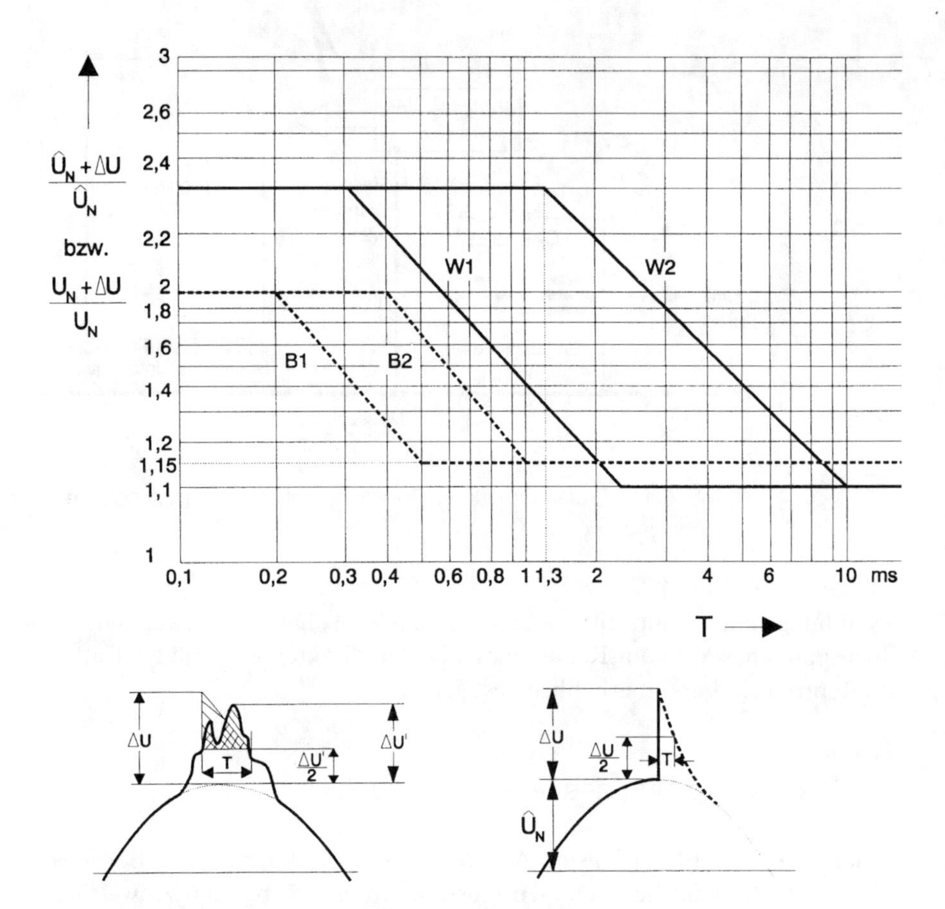

Kurven W : Wechselspannungs- und Gleichrichternetze
Kurven B : Batterienetze
Kurven W1 und B1 für EB der Überspannungsfestigkeitsklasse 1
Kurven W2 und B2 für EB der Überspannungsfestigkeitsklasse 2

Nenngleich-spannng U_N	Prüfkapazität für EB der Überspannungsfestigkeitsklasse 1	2
24 V	<= 5000 µF	<= 10000 µF
60 V	<= 3500 µF	<= 7000 µF
110 V	<= 2500 µF	<= 5000 µF
220 V	<= 2000 µF	<= 4000 µF
440 V	<= 1500 µF	<= 3000 µF

Nennwechsel-spannng U_N	Prüfkapazität für EB der Überspannungsfestigkeitsklasse 1	2
220 V	<= 1400 µF	<= 6000 µF
380 V	<= 1400 µF	<= 6000 µF
500 V	<= 1200 µF	<= 5000 µF
660 V	<= 700 µF	<= 3000 µF

Abb. 5.12: Überspannungsimpuls nach DIN VDE 0160

verfügbaren Generatoren bis zu einer gewissen Leistung möglich. Die erst kürzlich veröffentlichten differenzierten Anforderungen mit 0,3 ms oder 1,3 ms Impulsdauer erfordern einen zusätzlichen oder modifizierten Generator.

5.3 Prüfschärfe

Die Prüfschärfe muß nach den Beanspruchungen, wie sie beim Einsatz auftreten, festgelegt werden.

Höhe und Dauer der möglichen und typischen Beanspruchungen ist relativ gut bekannt (4, 5, 6, 7, 8, 9, 11, 12, 13, 15, 16, 17, 18, 20, 21, 22, 24, 28, 29, 30). Über die Häufigkeit von Beanspruchungen sind die Kenntnisse nicht so umfangreich (6, 18, 28, 29, 30), so daß man auf Schätzungen angewiesen ist.

Mit der Abb. 5.13 wird der Versuch unternommen, die Zusammenhänge anschaulich darzustellen. Dargestellt wird die auf den Maximalwert bezogene Höhe einer Beanspruchung über die Beanspruchungsdauer. Wenn man die Beanspruchung eines Systems einträgt, ergibt sich für jede Beanspruchung ein Punkt im Feld. Es kann je nach Störquelle ein anderes Symbol verwendet werden. In die Abbildung sind Schätzwerte eingetragen, die die Beanspruchungen eines Systems während eines Zeitraumes, z.B. während eines Monats, darstellen könnten. Aus der Darstellung ist erkennbar, daß die verschiedenen Phänomene jeweils unterschiedliche, jedoch phänomen-typische Dauer haben und mit unterschiedlicher Häufigkeit und Intensität auftreten. Natürlich ist die Höhe der Beanspruchungen von der Höhe des Störphänomens und von den Kopplungsverhältnissen stark abhängig. Man könnte die Prüfschärfe an sich von Fall zu Fall festlegen oder in Verträgen vereinbaren. Dies ist sicherlich sehr umständlich. Sinnvoller ist es, sich an den von den Normen angebotenen Beanspruchungs-Klassen zu orientieren (51, 52, 53). Die hier angebotenen Klassen sind allerdings keine Mindestanforderungen, sondern stellen eine Auswahl von Möglichkeiten dar.

An der Standardisierung der Anforderungen wird seit langem gearbeitet (23, 24, 32, 33, 34, 49), insbesondere bei Großprojekten, wo EMV-Planungen durchgeführt werden müssen (35, 36). Über die Störfestigkeit von Meßsystemen gibt es auch EG-Vorschriften (43). Auch im Rahmen der DKE strebt man nach einheitlichen Anforderungen (37).

Es ist zu beachten, daß bei bestimmten Phänomenen fast beliebig hohe Beanspruchungen auftreten können, wobei mit der Höhe der Beanspruchung die Wahrscheinlichkeit ihres Auftretens geringer wird (18, 30). Die Steigerung der Störfestigkeit führt im wesentlichen zu einer Verringerung der Stör-Wahrscheinlichkeit.

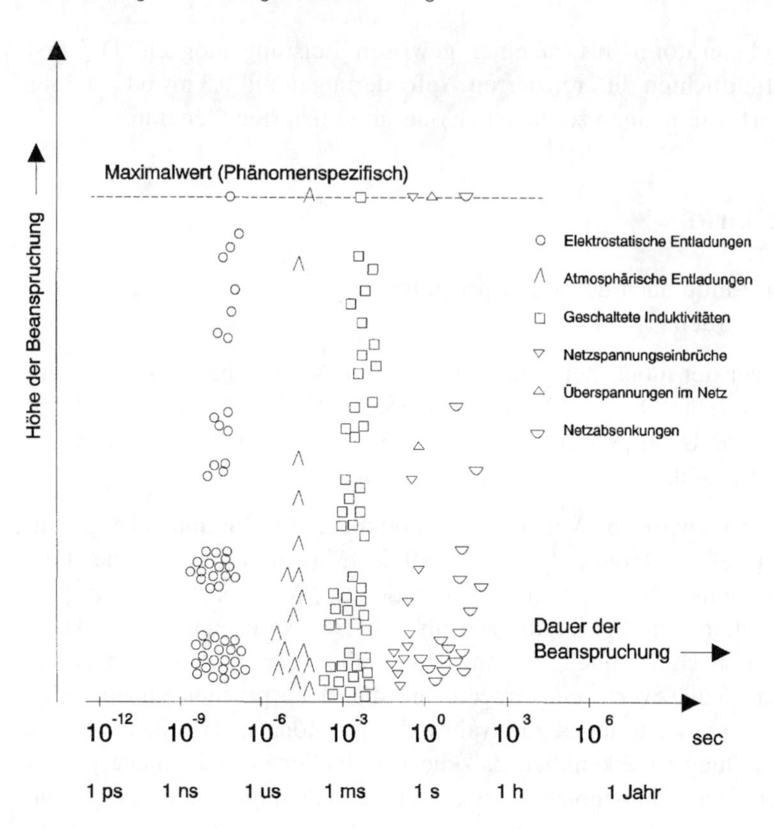

Abb. 5.13: Häufigkeit von Störphänomenen

Die Störfestigkeit ist auch ein Qualitätsmerkmal, das die Verfügbarkeit des Systems beeinflußt und im Prinzip optimiert werden kann (Beispiele: 46, 47). Als Kriterien können dabei dienen:

- Die mit zunehmenden Störfestigkeits-Zielvorgaben höher werdenden Kosten für Entwicklung und Herstellung.
- Die infolge höherer Störfestigkeit geringer werdende Ausfallwahrscheinlichkeit oder höher werdende Verfügbarkeit.
- Äußere Maßnahmen, die der Projektierer oder Betreiber des Gerätes oder Systems treffen muß (Abschirmungen, Abstände, leitender Fußboden etc.), ihre Praktikabilität und Kosten.

Es sind sicher noch weitere Kriterien denkbar, hier sollten lediglich die Zusammenhänge deutlich gemacht werden.

Ein anderer Aspekt dieser Feststellung ist, daß man bei Zuverlässigkeitsvorhersagen die Ausfälle, die infolge elektromagnetischer Beeinflussungen auftreten, auch berücksichtigen muß.

Die Festlegung der Prüfschärfe sollte demnach so erfolgen, daß auch solche Auswirkungen, die mit Wahrscheinlichkeiten in der Größenordnung des Systemausfalles infolge Bauelementeausfälle u.ä. fallen, sicher erkannt werden können.

Um die Prüfschärfe richtig festlegen zu können, müssen die möglichen Auswirkungen der Prüfbeanspruchung bekannt sein.

Anhand eines Zonenmodells, wie in Abb. 5.14 als Beispiel dargestellt, können für die unterschiedlichen Aufstellungsorte (Betriebsräume) der elektrischen/ elektronischen Einrichtungen Umgebungsklassen gebildet werden.

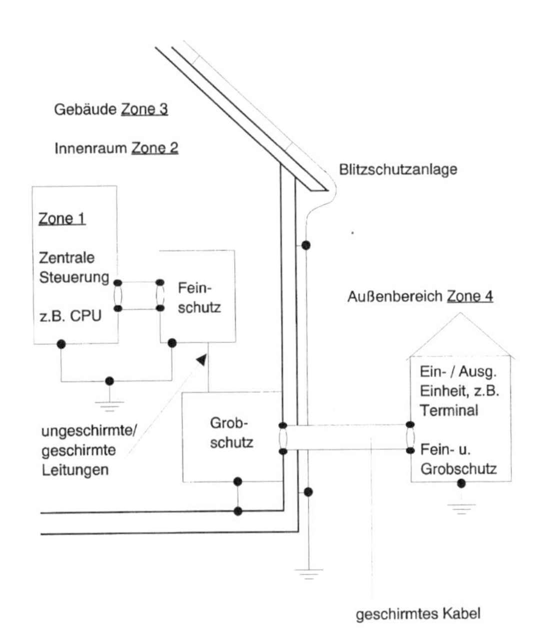

Abb. 5.14: Beispiel für eine EMV-Zoneneinteilung

5.3.1 Auswirkungen von stochastischen Störbeanspruchungen

Aus der Abb. 5.13 kann geschlossen werden, daß die Dauer der meisten Störungen kurz, im Verhältnis zur Betrachtungszeit – z.B. ein Jahr – sogar verschwindend kurz ist.

Je nach Art des elektronischen Gerätes oder Systems wirkt sich nun eine solche Beanspruchung unterschiedlich auf die Funktion aus. Bei bestimmten, z.B. analogen, Systemen beschränkt sich die Auswirkung auf die Dauer der Beanspruchung; vielfach sind dann die Auswirkungen vernachlässigbar, denn sie beeinträchtigen die Verfügbarkeit des Systems nicht. Bei anderen elektronischen Geräten oder Systemen können viel unangenehmere Auswirkungen entstehen. Die Zerstörung von Bauteilen oder die Zerstörung des Programmes in einem programmierbaren System sind Störungen, die die Funktion bleibend beeinflussen. Die Störung des Betriebes, die Reparatur des Systems, das Neuladen oder die Neuerstellung des Programmes verursachen Kosten und benötigen viel Zeit.

In bestimmten Fällen werden längerdauernde Betriebsstörungen verursacht, Werkstücke zerstört, etc. Derartige Störungen, die insbesondere bei microcomputergesteuerten Systemen auftreten, können die Verfügbarkeit des Systems nennenswert beeinträchtigen.

Um die richtige Prüfbeanspruchung festlegen zu können, muß das Störverhalten solcher Systeme bekannt sein.

5.3.2 Störverhalten von sequentiell arbeitenden Systemen bei stochastischen Störern. Beispiel: Microcomputer

In einem Microcomputer findet zwischen den Komponenten ein umfangreicher Signalaustausch statt. Durch die sequentielle Arbeitsweise des Microcomputers führt die Verfälschung eines Signals nicht immer zu einer Störung des Computers. Die Zusammenhänge seien an einem Beispiel erläutert:

In Abb. 5.15 ist die stark vereinfachte Blockschaltung eines Microcomputers dargestellt. Es wird nun angenommen, daß z.B. durch Entladung statischer Elektrizität das Signal an bestimmten Leitungen des Datenbusses verfälscht werden kann. Alle anderen Leitungen innerhalb des Systems sind wesentlich störfester als diese Leitungen. Wie wir gesehen haben, ist die Dauer des Stör-Phänomens mit 10 ns anzusetzen. Durch die Arbeitsweise des Microcomputers bedingt, werden die am Datenbus anstehenden Signale nur in bestimmten Augenblicken abgefragt.

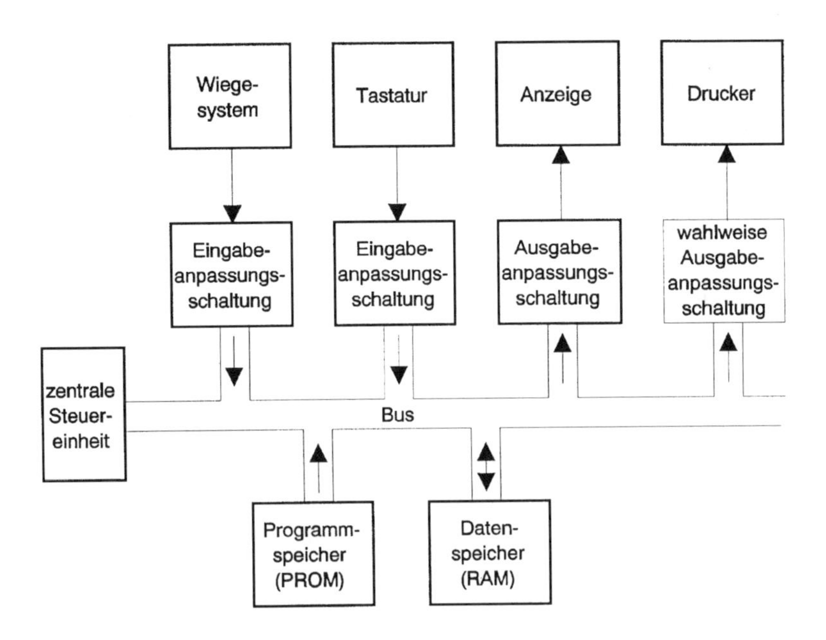

Abb. 5.15: Beispiel für Microcomputereinsatz: preisrechnende Waage

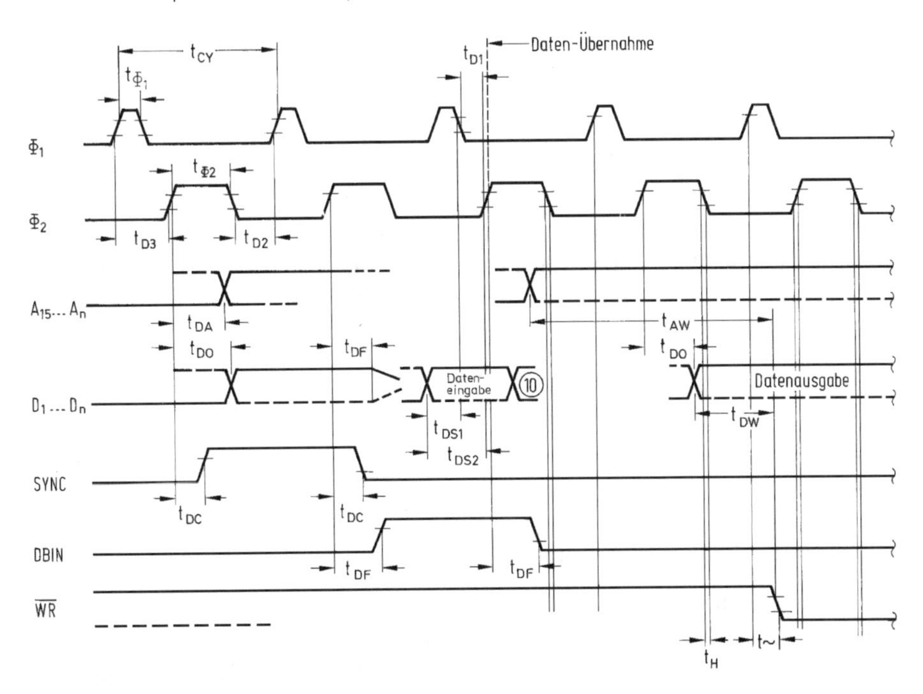

Abb. 5.16: Impulsdiagramm des Microcomputers

In Abb. 5.16 sind die Zusammenhänge beispielhaft dargestellt. Bei dem betrachteten Microcomputer erfolgt die Verarbeitung eines Befehls in 4 bis 18 Maschinenzyklen mit einer Dauer von je 500 ns. Die Datenübernahme vom Bus erfolgt im gekennzeichneten Augenblick.

Um Daten vom Bus in eine der Komponenten übernehmen zu können, sind im Schnitt vier Maschinenzyklen erforderlich. Der Übernahmevorgang selber wird von den Taktimpulsen Φ1 und Φ2 gesteuert und findet im dritten Operationsschritt T 3 statt. Die „Tore", die die Übernahme der Signale in eine Komponente steuern, sind ca. 100 ns offen.

Übernommen werden die Signale, die beim Schließen der „Tore" anstehen. Das Schließen des „Tores" besorgt dabei die ansteigende Flanke des Taktimpulses Φ2. Eine Signalverfälschung wirkt sich nur aus, wenn sie in diesem Augenblick wirksam ist.

Andererseits hat das Stör-Phänomen eine „Polarität"; ein Störimpuls kann positiv oder negativ sein und auch das Signal an der kritischen Leitung kann zwei Zustände H oder L einnehmen.

Ob die Signalverfälschung zu einer Störung führt, ist davon abhängig, ob das Störphänomen in einem bestimmten Zeitbereich mit einer bestimmten Polarität entsteht.

Worst case oder statistische Prüfung?

Es ist in der Praxis unmöglich, im voraus festzustellen, welche der vielen Signalverbindungen „kritisch" oder „am kritischsten" ist; es ist auch nicht möglich, die Beanspruchung auf einer bestimmten internen Phase des Taktes zu synchronisieren und dabei noch die Polaritäts-Bedingung zu berücksichtigen. Es bleibt daher gar nichts anderes übrig, als die Beanspruchungen unsynchronisiert zu applizieren.

Die Applikation von nicht synchronisierten Beanspruchungen bildet auch eher die natürlichen Bedingungen nach. Es ist aber dabei sehr nützlich, die Wahrscheinlichkeit zu kennen, mit der eine Beanspruchung zu einer Störung führen kann.

Wahrscheinlichkeit einer Störung

Die Wahrscheinlichkeit eines Störvorganges P (S) kann aus der Wahrscheinlichkeit der zeitlichen Koinzidenz P (t) und der Wahrscheinlichkeit der Antivalenz zwischen den Polaritäten des Störsignals und des gefährdeten Signals P (P) ermittelt werden:

$$P(S) = P(t) \times P(P)$$

wobei

$$P(t) = \frac{\text{Dauer des Störimpulses}}{\text{Dauer von 4 Maschinenzyklen}}$$

$$= \frac{10 \times 10^{9}\text{s}}{4 \times 5000 \times 10^{-9}\text{s}} = \frac{10}{2 \times 10^{3}} = 5 \times 10^{-3}$$

und $P(P) = 0{,}5$; damit

$$P(S) = P(t) \times P(P) = 5 \times 10^{-3} \times 0{,}5 = 2{,}5 \times 10^{-3} = 1/400$$

Die Wahrscheinlichkeit, daß eine Störung auftritt, ist also bei 400 Stör-Phänomenen 1mal gegeben.

Konsequenzen auf die Prüfung

Bezogen auf die Prüfung bedeutet die genannte Wahrscheinlichkeit, daß im Mittel auf 400 Beanspruchungen eine Störung zu erwarten ist.

Ist die Immunität eines Systems gegenüber dem genannten Störer nachzuweisen, dann ist die Zahl der erforderlichen Beanspruchungen um so höher, je sicherer die Aussage im statistischen Sinne sein soll. Im gegebenen Fall wären das 1200 bis 4000 Beanspruchungen. Mit erhältlichen Prüfgeräten, die mit 1 Hz die Prüfbeanspruchungen erzeugen, dauert eine Prüfung dann ggf. mehr als eine Stunde.

Da elektrostatische Entladungen an mehreren Stellen („Ecken") des Prüflings auftreten können, sind auch mehrere Prüfungen erforderlich.

Konsequenzen auf die Prüfvorgabe

Am Anfang der Betrachtungen im Abschnitt 2 stand die Zielsetzung, Beanspruchungen, wie sie in der Praxis auftreten, nachzubilden. Bezogen auf den konkreten Fall wäre es anzustreben, neben der Höhe der Beanspruchung auch die zulässige Häufigkeit anzugeben. Erst mit dieser Angabe ist die Optimierung des Systems auf diese Beanspruchung möglich.

Die Zahl der Beanspruchungen ist sicherlich von dem Einsatzort abhängig. Eine Reihe von Fachleuten, die einen typischen, wenn auch nicht repräsentativen Querschnitt der Anwender von elektronischen Geräten und Systemen darstellen, haben die Zahl der Beanspruchungen je Meßsystem und Jahr zwischen 20 und 10.000 geschätzt.

Betrachtet man die kleinere Zahl, bedeutet das alle 20 Jahre einen System-Ausfall. Bezogen auf die größere Zahl wäre aber ein Systemausfall alle 14 Tage zu erwarten.

Die Überlegungen machen deutlich, daß die Störfestigkeit gegen elektrostatische Entladungen ein Parameter ist, der die System-Zuverlässigkeit beeinflußt; die Optimierung dieser Eigenschaft ist in diesem Rahmen zu sehen. In Kenntnis der Einsatz-Beanspruchungen und der Zuverlässigkeitsparameter des Systems kann ein Ansatz für eine sinnvolle Prüfbeanspruchung gefunden werden. Ähnliche Überlegungen sind auch für die anderen Störmechanismen möglich.

5.4 Durchführung der Prüfung

Die Prüfung kann verschiedene Ziele haben; so z.B.

5.4.1 Feststellung der Störschwelle

Bei dieser Prüfung wird die Beanspruchung des Prüflings so lange gesteigert, bis eine Störung des Systems auftritt. Ergebnis der Prüfung ist eine Störbeanspruchung, die die Grenze zwischen „ungestört" und „gestört" kennzeichnet. Diese Prüfung ist ein Mittel zur Optimierung von Systemen; und es kann auch der Stör-Sicherheitsabstand ermittelt werden.

5.4.2 Nachweis der Störfestigkeit

Bei dieser Prüfung wird der Prüfling nur einer bestimmten, vorher festgelegten, Beanspruchung ausgesetzt. Es wird dann ermittelt, ob dabei eine Störung auftritt.

Ergebnis der Prüfung ist eine auf die Prüfbeanspruchung bezogene Aussage „gestört" oder „nicht gestört". Diese Prüfung ist – bei richtig festgelegten Prüfbeanspruchungen – zum Nachweis der Eignung für die spezifizierten Einsatzfälle verwendbar.

In beiden Fällen wird die Arbeitsweise des Prüflings überwacht, während die Prüfbeanspruchungen appliziert werden. Die Prüfergebnisse müssen auf geeignete Weise dokumentiert werden.

Bis „Universal-Generatoren“ verfügbar sind, die eine rasche Prüfdurchführung gestatten, sind in der Regel mehrere Prüfungen an jedem Prüfling erforderlich, die nacheinander durchgeführt werden müssen. Da Prüfzeit teuer ist, ist eine vernünftige Planung der durchzuführenden Prüfungen erforderlich.

Um die genannten Prüfungen durchführen zu können, sind sowohl Prüfschärfegrade als auch prüflings-spezifische Angaben, wie Aufstellung, Erdung, Betriebsablauf, Programme und nicht zuletzt die zulässigen Auswirkungen festzulegen. So ist z.B. eine Abweichung eines Analogsignals innerhalb des Toleranzbandes sicher eher tolerierbar als die Verfälschung nur eines einzigen Bit in einem Speicher.

Alle erwähnten Punkte zusammengenommen machen es notwendig, daß vor der Neuentwicklung oder dem Einsatz eines Produktes eine Planung der EMV-Maßnahmen notwendig ist, um die Zahl der Prüfungen auf ein Minimum zu begrenzen, unnötig harte Prüfschärfegrade auszuschließen und die Brauchbarkeit des Produktes sicherzustellen.

5.5 Bewertung der Prüfergebnisse

Die Vielfalt der zu prüfenden Geräte und Systeme macht es schwierig, allgemeingültige Kriterien für die Bewertung der Auswirkungen auf Geräte und Systeme festzulegen.

Auf der Basis der Betriebsbedingungen und der funktionellen Festlegungen des zu prüfenden Gerätes, können die Prüfergebnisse nach den folgenden Kriterien des Betiebsverhaltens klassifiziert werden:

1. Übliches Betriebsverhalten innerhalb der festgelegten Grenzen.
2. Vorübergehende Beeinträchtiung des Betriebsverhaltens oder Verlust einer Funktion, die das Gerät selbst wieder korrigiert.
3. Vorübergehende Beeinträchtiung des Betriebverhaltens oder Verlust einer Funktion, die einen Eingriff der Bedienperson oder eine Rücksetzung des Systems erfordert.
4. Beeinträchtigung oder Verlust einer Funktion, die auf Grund eines Schadens am Gerät (Bauteile), an der Software oder des Verlustes von Daten nicht mehr korrigierbar ist.

Bei Abnahmeprüfungen muß das Prüfprogramm und die Bewertung der Prüfergebnisse zwischen Hersteller und Anwender abesprochen werden.

Die Dokumentation der Prüfung muß die Prüfbedingungen und die Prüfergebnisse beinhalten.

6 Stand der Normung

Der aktuelle Stand der Normung ist in den einzelnen Abschnitten unter 2. angeführt. Auf einigen Gebieten ist ein stabiler Stand erreicht. Siehe hierzu die EMV-Normenübersicht, Abschnitt 5.

Intensive Arbeiten laufen in der IEC im TC 65/SC 65A und TC 77B, auf europäischer Ebene in der CENELEC, TC 110 im Rahmen der Harmonisierung sowie in Deutschland in der DKE im Fachbereich 9 (UK 921.3) und im Fachbereich 7 (K 767), wo Entwürfe der Teile von

DIN VDE 0847, 0846, 0838, 0839 vorliegen.

Über elektrostatische Entladung, gestrahlte Felder sowie schnelle Transienten, (Burst) liegen bereits die IEC-Publikationen vor (52, 53, 56).

Die mit Publikation 801-2 „Prüfverfahren zur Simulation der Entladung statischer Elektrizität" gesammelten Erfahrungen machten wegen der festgestellten Abweichungen zwischen natürlicher Entladung und der Simulation mit einigen Generatoren – insbesondere bei höheren Spannungen (8 – 15 kV) – Verbesserungen notwendig. Dies fand seinen Niederschlag in einer Überarbeitung der Publikation 801-2 und Veröffentlichung im April 1991.

Es wird zur Zeit intensiv an weiteren Teilen der IEC-Publikation 801 (Teile 5 und 6) gearbeitet.

Auch Verbrauchergruppen, wie z.B. die NAMUR, haben normative Vorgaben festgelegt, die bei Lieferungen an diese Verbraucher gelten sollen (59).

Im Zuge der Normungsvorhaben zur Realisierung des EG-Binnenmarktes liegt eine Richtlinie des Rates der EG vor (60)

Die Abb. 6.1 zeigt den aktuellen Stand der Gremien-Landschaft in der IEC und in CENELEC. Die Tabelle 6.2 beinhaltet eine Übersicht der EMV-Normung nach derzeitigem Stand.

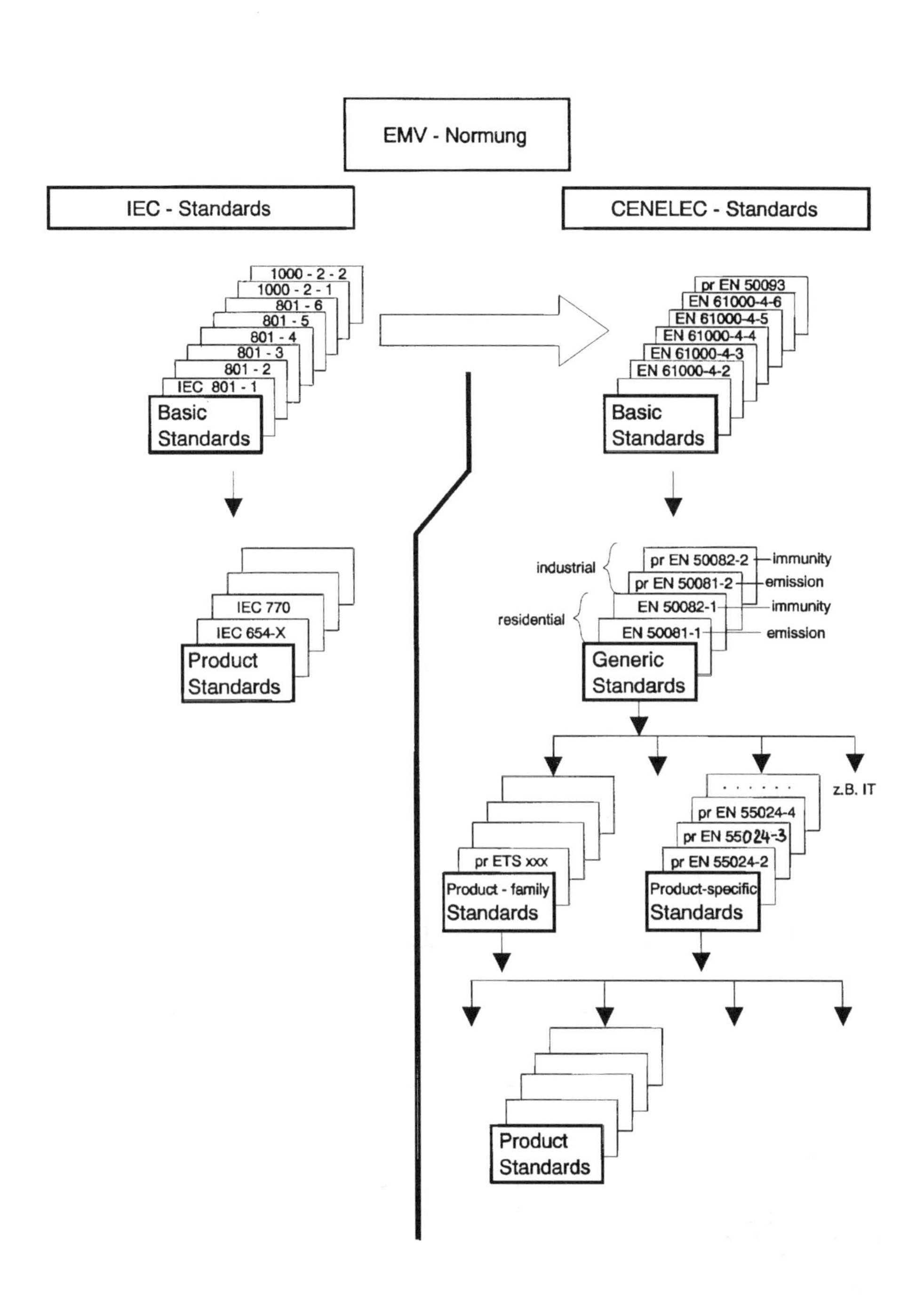

Abb. 6.1: Gremien in der IEC und CENELEC

Tabelle 6.2: Übersicht zum aktuellen Stand der Normung

	Allgemeines	Umgebung Klassifizierung	Grenzwerte	Meßmethoden "BASIC-IEC Standards"		Standards CLC CENELEC - Standards	
				Aussendung	Störfestigkeit	Aussendung	Störfestigkeit
Übersichten	IEC 801-1	77(SEC)93 77(SEC)94			77B(SEC)71 77B(CO)10		
Definitionen	IEC 50(161)						
Guide to product commitees ...*							TC 110 (SEC)69
Dauerstörer : leitungsgeführt			77B(SEC)62				
< 10 kHz		IEC1000-2-1 (TC 77B)	77A(SEC)60 IEC 1000-2-2	77A(SEC)61			
> 10 kHz			CISPR 11/14/22	CISPR 11/14/22/16	65A(SEC)131 77B(SEC)91 (IEC 801-6)		
Dauerstörer : gestrahlt							
< 100 kHz mag. Feld					77B(SEC)72 =77B(CO)7		
> 10 kHz el.mag. Feld					65A(SEC)121 77B(SEC)88 (IEC 801-3)		
Impulsstörer (Kurzzeit) : leitungsgeführt							
voltage dips, short interrupts					77B(SEC)86		prEN 50093
Überpannungen (ms)							
Surge- Blitz (us)					65A(SEC)120 77B(SEC)87 (IEC 801-5)		
Gedämpfte Schwingungen 0,1-1M Hz					77B(SEC)73		
Burst (ns)					IEC 801-4 1988		TC 110 (SEC)55
ESD (ns)					IEC 801-2 1991		TC 110 (SEC)56
Imulsstörer (Kurzzeit) : gestrahlt							
pulsförmig mag. Feld					77B(SEC)72 77B(CO)8		
Gedämpfte Schwingung mag. Feld					77B(SEC)72 77B(CO)9		

7 EMV-Normungsübersicht

Die angegebenen Titel sind teilweise gekürzt. Sind Veröffentlichungsdaten aufgeführt, so bedeuten die Zusätze „E = Entwurf“ und „B = in Bearbeitung“. Mehrere Daten beziehen sich auf Änderungsnachträge. Blitzschutznormen sind nicht aufgeführt. Ausländische bzw. internationale Normen/Empfehlungen werden zitiert beim Fehlen entsprechender deutscher Normen.

7.1 Störfestigkeit

	CENELEC	DIN VDE
IEC-Publikation 801-1, 1984 General Introduction	HD 481-1	0843 T1
IEC-Publikation 801-2, 1984 (1991) Electrostatic Discharge Requirements	HD 481-2	0843 T2
2. Ausgabe 1991		0843 T2 E
IEC-Publikation 801-3, 1984 Radiated Electromagnetic Field Requirements	HD 481-3	0843 T3
Entwurf 2. Ausgabe 1992		0843 T3 E
IEC-Publikation 801-4, 1988 Electrical Fast Transient Requirements		0843 T4 Entwurf
IEC-Publikation 801-5, Entwurf 1991 Surge Immunity Requirements		0843 T5 Entwurf
IEC-Publikation 801-6, Entwurf 1991 Immunity to conducted disturbances, induced by radio frequency fields above 9 kHz		0843 T6 Entwurf

7.2 Gefährdung allgemein

DIN VDE 0847
Meßverfahren zur Beurteilung der elektromagnetischen Verträglichkeit.

Teil 1 11.81
Messen leitungsgeführter Störgrößen

Teil 2 10.87
Störfestigkeit gegen leitungsgeführte Störgrößen.

DIN VDE 0848
Gefährdung durch elektromagnetische Felder

Teil 1 2.82
Meß- und Berechnungsverfahren

Teil 2 07.84/08.86 E
Schutz von Personen im Frequenzbereich von 10 kHz bis 300 GHz

Teil 3 03.85
Explosionsschutz.

Teil 4 B
Einwirkung elektromagnetischer Felder auf elektrische Brückenzünder für die Sprengtechnik.

DIN VDE 0870/Teil 1 07.84
Elektromagnetische Beeinflussung (EMB); Begriffe.

7.3 Funk-Entstörung

DIN VDE 0871 06.78
Funk-Entstörung von Hochfrequenzgeräten für industrielle, wissenschaftliche, medizinische (ISM) und ähnliche Zwecke

Teil 1 08.85 E
ISM-Geräte

Teil 2 03.87
Informationstechnische Einrichtungen

Teil 11 09.87 E
Funkstörgrenzwerte und Meßverfahren für industrielle, wissenschaftliche und medizinische Hochfrequenzgeräte (ISM- Geräte)

DIN VDE 0872
Funk-Entstörung von Ton- und Fernseh-Rundfunkempfängern.

Teil 1 02.83/01.84 E
Aktives Störvermögen

Teil 2 3.84
Störfestigkeitsanforderungen.

Teil 4 01.87
Störfestigkeitsanforderungen an Videogeräte

Teil 5 01.87
Störfestigkeitsmeßverfahren für Videogeräte

Teil 13 08.87 E
Grenzwerte und Meßmethoden für die Funkstöreigenschaften von Rundfunkempfängern und angeschlossenen Geräten

Teil 20 01.87 E
Grenzwerte und Meßverfahren der Störfestigkeit von Rundfunk-Empfängern und angeschlossenen Geräten

DIN VDE 0873
Maßnahmen gegen Funkstörungen durch Anlagen der Elektrizitätsversorgung und elektrischer Bahnen

Teil 1 05.82
Funkstörungen durch Anlagen ab 10 kV Nennspannung

Teil 2 06.83
Funkstörungen durch Anlagen unter 10 kV Nennspannung und durch elektrische Bahnen

DIN VDE 0875 06.77
VDE-Bestimmungen für die Funk-Entstörung von elektrischen Betriebsmitteln und Anlagen.

Teil 1 11.84/04.87 E
Funk-Entstörung von elektrischen Geräten für den Hausgebrauch und ähnliche Zwecke

Teil 2 11.84/04.87 E
Funk-Entstörung von Leuchten und Entladungslampen

Teil 3 11.84 E
Funk-Entstörung von besonderen elektrischen Betriebsmitteln und von elektrischen Anlagen

Teil 204 02.85 E
Funk-Entstörung von elektrischen Geräten für den Hausgebrauch und ähnliche Zwecke

Teil 205 02.85
Messung der Funkstörungen von Leuchten mit Entladungslampen

DIN VDE 0876
Geräte zur Messung von Funkstörungen

Teil 1 09.78/06.80/11.86 E
Funkstörmeßempfänger mit bewertender Anzeige und Zubehör.

Teil 2 04.84
Analysator zur automatischen Erfassung von Knackstörungen.

Teil 3 06.87
Funkstörmeßempfänger mit Mittelwertanzeige

VDE 0877
Messen von Funkstörungen

Teil 1 11.81/02.85 E
Messen von Funkstörspannungen

Teil 2 02.85
Messen von Störfeldgrößen

Teil 3 04.80
Das Messen von Funkstörleistungen auf Leitungen

DIN VDE 0878
Funk-Entstörung von Anlagen und Geräten der Fernmeldetechnik

Teil 1 12.86
Allgemeine Bestimmungen

Teil 2 12.86 E
Anlagen und Geräte in Fernmeldebetriebsräumen

Teil 200 05.87 E
Störfestigkeit von Teilnehmereinrichtungen

DIN VDE 0879
Funk-Entstörung von Fahrzeugen, von Fahrzeugausrüstungen und von Verbrennungsmotoren

Teil 1 06.79
Fern-Entstörung von Fahrzeugen; Fern-Entstörung von Aggregaten mit Verbrennungsmotoren

Teil 2 01.58/12.85 E
Richtlinien für die Nah-Entstörung

Teil 3 04.81
Messungen an Fahrzeugausrüstungen

7.4 Fernmeldeanlagen

DIN VDE 0845 04.76/04.81
VDE-Bestimmung für den Schutz von Fernmeldeanlagen gegen Überspannungen.

Teil 1 10.87
Schutz von Fernmeldeanlagen gegen Blitzeinwirkungen, statische Aufladungen und Überspannungen aus Starkstromanlagen; Maßnahmen gegen Überspannungen

DIN VDE 0228
Maßnahmen bei Beeinflussung von Fernmeldeanlagen durch Starkstromanlagen

Teil 1 12.87
Allgemeine Grundlagen

Teil 2 12.87
Beeinflussung durch Drehstromanlagen

Teil 3 05.77/06.87 E
Beeinflussung durch Wechselstrom-Bahnanlagen.

Teil 4 12.87
Beeinflussung durch Gleichstrom-Bahnanlagen.

Teil 5 12.87
Beeinflussung durch Hochspannungsgleichstrom-Übertragungsanlagen

DIN VDE 0878 (vgl. 5.3)

7.5 Funk-Empfangsanlagen

DIN 45302 03.83
Meßverfahren an Empfängern für Fernseh-Rundfunksendungen; Meßverfahren für die Festigkeit gegen Störspannungen auf Anschlußleitungen des Empfängers

DIN 45 305
Meßverfahren für Funk-Empfännger für verschiedene Sendearten

Teil 300 01.86
Radiofrequenzmessungen an Empfängern für amplitudenmodulierte Sendungen; Meßverfahren für die Festigkeit eines Kraftfahrzeug-Empfängers gegen Störspannungen und Störfelder

Teil 301 03.83
Meßverfahren für die Festigkeit gegen Störspannungen auf Anschlußleitungen des Empfängers

Teil 302 05.86
Meßverfahren für die Einstrahlungsfestigkeit eines Funkempfängers

DIN VDE 0872 vgl. (5.3)

7.6 Kraftfahrzeuge

DIN VDE 0879/Teile 1 … 3 (vgl. 5.3)

DIN 45305 Teil 300 (vgl. 5.5)

SAE J 1113 a
Electromagnetic Susceptibility – Procedures for Vehicle Components (Exept Aircraft).

ISO B
Störfestigkeit bei Kraftfahrzeugelektronik.

7.7 Prozeßrechenanlagen

VDI/VDE 3551 10.76
Empfehlungen zur Störsicherheit der Signalübertragung beim Einsatz von Prozeßrechnern.

7.8 Netzrückwirkung

DIN VDE 0838
Rückwirkungen in Stromversorgungsnetzen, die durch Haushaltsgeräte und durch ähnliche elektrische Einrichtungen verursacht werden

Teil 1 06.87
Begriffe

Teil 2 06.87
Oberschwingungen

Teil 3 06.87
Spannungsschwankungen

7.9 Eichpflichtige Meßgeräte

Störbarkeit von eichpflichtigen Meßgeräten
EG-Richtlinienvorschlag 1979, Vordokument 11952/80.

7.10 Entstör-Bauelemente

DIN VDE 0550
Bestimmungen für Kleintransformatoren

Teil 1 12.69/11.87 E
Allgemeine Bestimmungen.

Teil 3 12.69
Besondere Bestimmungen für Trenn- und Steuertransformatoren sowie Netzanschluß- und Isoliertransformatoren über 1000 V

Teil 4 04.66
Besondere Bestimmungen für Zündtransformatoren

Teil 6 04.66
Besondere Bestimmungen für Drosseln (Netzdrosseln, vormagnetisierte Drosseln und Funk-Entstördrosseln)

DIN VDE 0551 05.72/09.75/11.75 E
Bestimmungen für Sicherheitstransformatoren

DIN VDE 0565
Funk-Entstörmittel

Teil 1 12.79/06.84
Funk-Entstörkondensatoren.

Teil 2 09.78
Funk-Entstördrosseln bis 16 A und
Schutzleiter-Drosseln 16 bis 36 A

Teil 3 09.81/05.86
Funk-Entstörfilter bis 16 A

DIN VDE 0675
Richtlinien für Überspannungsschutzgeräte

Teil 1 05.72
Ventilableiter für Wechselspannungsnetze

Teil 2 08.75/07.82 E/12.84 E
Anwendung von Ventilableitern für Wechselspannungsnetze

Teil 3 11.82
Schutzfunkenstrecken für Wechselspannungsnetze

Teil 4 09.87 E
Metalloxidableiter ohne Funkenstrecken für Wechselspannungsnetze

IEEE 472
Guide for Surge Withstand Capability

IEEE 28
Standard for Surge Arrestors for AC Power Circuits.

7.11 Militärische Anwendung

VG-Norm = Verteidigungsgeräte-Norm

VG 95370/Teile 1, 10 … 16, 22 … 26
Elektromagnetische Verträglichkeit von und in Systemen

VG 95371/Teile 1 … 3
EMV; Allgemeine Grundlagen

VG 95372 Bbl. 1 12.87
EMV; Übersicht; Veröffentlichte VG-Normen für EMV

VG 95373/Teile 1 … 2, 10 … 15, 20 … 25, 40 … 41, 60
Elektromagnetische Verträglichkeit von Geräten

VG 95374/Teile 1 … 5
EMV; Programme und Verfahren

VG 95375/Teile 3 … 6
EMV; Grundlagen und Maßnahmen für die Entwicklung von Systemen

VG 95376/Teile 2 … 6
EMV; Grundlagen und Maßnahmen für die Entwicklung und Konstruktion von Geräten.

VG 95377/Teile 10 … 16
EMV; Meßeinrichtungen und Meßgeräte

7.12 Bezugsquellen der Normen

DIN, DIN VDE, (EN)
Beuth-Verlag GmbH, Berlin 30, Burggrafenstr. 4-10.
Beuth-Verlag GmbH, Köln 1.
VDE-Verlag GmbH, Berlin 12, Bismarckstr. 33.

VG-Normen
Beuth-Verlag GmbH, Köln 1.
Bundeswehrinterne Vorschriftenstellen.

ISO
ISO General, Secretariat, Genève, Suisse; Katalog Beuth-Verlag, Berlin.

IEC, CISPR
Bureau Central de la Commission Electrotechnique International
1, rue de Varembé, Genève, Suisse,
VDE-Verlag, Merianstr. 29, 6050 Offenbach.

EG-Richtlinien
Information über Physikalisch-Technische-Bundesanstalt (PTB), Braunschweig.

SAE
SAE-Technical Division, 400 Commonwealth Drive, Warrendale, PA, 15096, USA.

Hochfrequenzgeräte-Gesetz, Schriftleitung des Amtsblattes des Bundesministers für das Post- und Fernmeldewesen, Adenauer-Allee 81, 5300 Bonn.

8 Literaturhinweise

(1) E. Habiger. Maßnahmen zur Gewährleistung der Störfestigkeit automatischer Systeme.
Der Elektro-Praktiker 33 (1979) Heft 5, Seiten 165 -169.

(2) E. Habiger. Störschutzbeschaltungen für elektromagnetisch betätigte Geräte – Eine Literaturübersicht mit 65 Literaturstellen.
Elektric 27 (1973) Heft 5, Seiten 266 – 271.

(3) G. Wustmann. Eigenschaften digital gefilterter, mehrwertiger Pseudorauschsignale zur Simulation stochastischer Störfunktionen.
VDI/VDE-Aussprachetag „Störfestigkeit von Meßsystemen" 23./24.2.1981).

(4) Dr. F. Huml. Prüfung des Einflusses von Funksprechgeräten auf Meßeinrichtungen.
VDI-VDE-Aussprachetag „Störfestigkeit von Meßsystemen" 23./24.2.1981.

(5) H.W. Ott. Noise reduction techniques in electronic systems. John Wiley & Sons. – London – Sydney.

(6) Rehder. Störspannungen in Niederspannungsnetzen. etz-Bd. 100 (1979) Heft 5, Seiten 216 – 220.

(7) Girndt. Erfassung von netzseitigen Überspannungen in den Einsatzbereichen der Halbleiterbauelemente.
Der Elektro-Praktiker 32 (1978) Heft 7, Seiten 224 – 227.

(8) Gretsch. Beeinflussung und Netzschutz. etz-Bd. 100 (1979) Heft 16/17, Seiten 913 – 916.

(9) Sanetra. EMV-Untersuchungen an einem Prozessrechner- Versuchsaufbau. etz-Bd. 100 (1979) Heft 5, Seiten 232 – 235.

(10) Bestimmungen für die Bemessung der Luft- und Kriechstrecken elektrischer Betriebsmittel. VDE-Bestimmungen 0110b/2.79.

(11) Willin-Fuhrmann. Beurteilung von Stoßspannungs-Prüfverfahren für Anlagen der Industrieelektronik mit digitaler Signalverarbeitung. Entwurf eines Aufsatzes. Im Archiv des Verfassers.

(12) P. Hasse. Schutz von elektronischen Systemen vor Gewitter- Überspannungen. etz-Bd. 100 (1979) Heft 23, Teil 1, Seiten 1335 – 1340; Heft 24, Teil 2, Seiten 1376 – 1381.

(13) Probst. Simulation elektrostatischer Entladungen. ezt-Bd. 100 (1979) Heft 10, Seiten 494 – 497.

(14) J.E. Deavenport. EMI Susceptibility Testing of Computer Systems. Firmendruckschrift. Im Archiv des Verfassers.

(15) K. Feser und M. Lutz. Prüfung elektronischer Systeme und Geräte auf elektromagnetische Verträglichkeit. industrie – elektronik + elektroniker 25 (1980) Heft 13/14, Teil 1, Seiten 371 – 373; Heft 17, Teil 2, Seiten 469 – 473; Heft 21, Teil 3, Seiten 710 – 711.

(16) H. Kunz. Entstehung und Simulation von Netzstörungen. Elektroniker CH (1980) Heft 10, Seiten EL 11 – EL 20.

(17) Bull. Code of practice or the avoidance of electrical interference in electronic instrumentation and systems. ERA 75/31, March 1975. Cleeve Road Leatherbead Surrey KT 227SA England.

(18) Guideline on Surge Voltages in AC Power circuits rated up to 600 V. IEEE Pub. 587. 1/D 2 February 1979.

(19) Bestimmungen für die Ausrüstung von Starkstromanlagen mit elektronischen Betriebsmitteln. VDE-Bestimmung 0160/05.88.

(20) Kusko-Gilmore. Concept of modular static uninteruptible Power- System. Conference Record 1967. IEEE-IGA Group Ann. Meeting pp. 147–153.

(21) Anonym. Überblick über die Oberschwingungsverhältnisse in öffentlichen Stromversorgungsnetzen. Elektrizitätswirtschaft Jg. 78 (1979) Heft 25, Seiten 1008–1017.

(22) H. Schaffner. Netzstörungen und ihre Simulation . etz-Bd. 100 (1979) Heft 22, Seiten 1268–1269.

(23) International Electrotechnische Commission IEC Standard,
Publication 255.4 – 1976.

(24) Udvardi. Umfrage: Prüfungen zum Nachweis der Störfestigkeit von Elektronik-Erzeugnissen. Beratungsunterlage DKE 911.5/22.79.

(25) IEC-Publikation 255-4, Single input energizing quantity measuring relays with dependent specified time (Sicherheitsmeßrelais)

(26) VDE-Bestimmung. Meßverfahren zur Beurteilung der elektromagnetischen Verträglichkeit. Messen leitungsgeführter Störgrößen, VDE 0847, Teil 1, 11/88.

(27) Das Messen von Funkstörungen. VDE-Bestimmung VDE 0877.

(28) E. Sanetra. Untersuchungen der elektromagnetischen Verträglichkeit zum zuverlässigen Betrieb von Datenerfassungssystemen in Hochspannungsanlagen. Interkama 80, Tagungsband, Seiten 261 – 270.

(29) F.A. Fisher und F.D. Martzloff. Transient Control Levels IEEE Transactions on power apparatus and systems. Vol. PAS-95, no.1, January/February 1976, Seiten 120–125.

(30) Prof. Dr. T. Horvath. Gleichmäßige Sicherheit zur Bemessung von Blitzschutzanlagen. etz b-Bd. 27 (1975) Heft 19, Seiten 526–528.

(31) VG-Normen „Elektromagnetische Verträglichkeit“. Beuth Verlag, Berlin.

(32) Siemens-Normen „Elektromagnetische Verträglichkeit“, Vornorm SN 31100 bis 31 186.

(33) K. Schreckenberger. Neue Prüfgrundsätze für elektronische Steuerungen an Bearbeitungs- und Verarbeitungsmaschinen. Die Berufsgenossenschaft, Oktober 1979, Seiten 557 – 560.

(34) Anonym. Grundsätze für die Prüfung der Arbeitssicherheit von Bearbeitungs- und Verarbeitsmaschinen. Elektronischer Teil. Die Berufsgenossenschaft, Oktober 1979, Seiten 560–564.

(35) W. Rasek. Planung der elektromagnetischen Verträglichkeit. etz- Bd. 100 (1979) Heft 5, Seiten 221 – 225.

(36) H.Schindler und G. Vau. Die Planung der elektromagnetischen Verträglichkeit für Baumaßnahmen. etz-Bd. 100 (1979) Heft 5, Seiten 229–261.

(37) J. Weber. Sachaufgaben der EMV-Normung. etz-Bd. 100 (1979) Heft 5, Seiten 226–228.

(38) Microcomputer-Bausteine, Datenbuch 1979/80, Band 1, Microprozessor, System SAB 8080. Siemens AG, Bestell-Nr. B 1950.

(39) Anonym. Störimpulse – künstlich erzeugt. elektronik-industrie (1973) Heft 9, Seite 197.

(40) Anonym. Aufbau von störsicherer Industrieelektronik mit dem Aufbausystem ES 902. Siemens-Firmendruckschrift Best. Nr. E 733/1037

(41) R.P. Capece. Faster, Lower Power TTL Looks for work. Electronics (February 1. 1979), Seiten 88–89.

(42) A.Q. Mowatt. RFI-generation in a factor when relecting AC – switching relays. Electronics, July 8; 1976, Seiten 101–105.

(43) EG-Vorschrift. Vorschriften über elektronische Einrichtungen als Bestand- oder Zubehörteile von Meßgeräten. Amtsblatt der Europäischen Systemgemeinschaften (15.2.1979) Nr. C 42/12.

(44) O. Gebhardt – M. Dohmann, H. Roth. Gegen Störungen geschützt. „elektrotechnik", 62 (März 1980) Heft 6, Seiten 211 – 226.

(45) H. Wegner – W. Lielisch. Sicherheit elektronischer Steuerungen und Maßnahmen zu deren Verfügbarkeit. etz-Bd. 29 (1977) Heft 22, Seiten 705–707.

(46) E. Unger. Minimierung der Kosten von Meßeinrichtungen und – anlagen durch wertanalytische Methoden. 5. INTERKAMA (1971).

(47) E. Unger, T. Stumpf. Die Kosten der Zuverlässigkeit in der Meßtechnik. Kongreß-Beitrag. INTERKAMA (1977).

(48) Elektromagnetische Beeinflussung (EMB). Grundlagen-Begriffe. VDE-Bestimmung 0870, Teil 1, Juni 1984 sowie Entwurf A1 v. Aug. 1987.

(49) P. Richman. A Realistic ESD Test Program for Electronic Systems. EMC Technogie, Vol. 2, No. 3. July-Sept. 83, pp. 50 – 56.

(50) VDE-Bestimmung, DIN VDE 0160, Ausrüstung von Starkstromanlagen mit elektronischen Betriebsmitteln mit
Änderung DIN VDE 0160 A1, April 1989

(51) IEC-Publikation 801-1. General Introduction., 1984

(52) IEC-Publikation 801-2. Electrostatic Discharge Requirements,
1984 sowie Revision Ausgabe IEC 801-2, 1991

(53) IEC-Publikation 801-3. Electromagnetic Radiated Requirements,
1984

(54) Diverse Unterlagen der Fa. Hans Schaffner Industrieelektronik GmbH, Karlsruhe

(55) Div. Unterlagen der Fa. High Voltage Test Systems (ASEA-HAEFELY-Micafil), Lehenmattstr. 353, CH 4028 Basel.

(56) IEC-Publikation 801-4. Electrical Fast Transient Requirements „Burst", 1988.

(57) Entwurf zu Publikation 801-5. Surge Immunity Requirements.
IEC TC 65A(Secretariat)120, 1991

(58) EMV-Normen, Lehrgangsunterlagen des Lehrganges der Technischen Akademie Esslingen.
Lehrgangsleiter: Herr Prof. Dr. Ing. H. Schmeer.

(59) Pelz, L.: Anforderungen an die Störfestigkeit von Automatisierungs-Einrichtungen in der Chemischen Industrie.
atp 31 (1989) 4 Seiten 174-181

(60) EG-EMV-Richtlinie
Richtlinie des Rates vom 3. Mai 1989 zur Angleichung der Rechtsvorschriften der Mitgliedsstaten über die elektromagnetische Vertäglichkeit, (89/336/EWG). Amtsblatt der Europäischen Gemeinschaft Nr. L 139/19 vom 23.5.89

(61) Elektromagnetische Verträglichkeit, J. Wilhelm
Expert-Verlag

(62) Elektrostatische Aufladung, Lüttgens/Boschung
Expert-Verlag, Band 44

(63) DIN/IEC 770 Methoden der Beurteilung des Betriebsverhaltens von Meßumformern zum Steuern und Regeln in Systemen der industriellen Prozeßtechnik, Abschnitt 6.2

(64) VDI/VDE-Richtlinie 2190 und 2191

(65) CCITT RED BOOK, VOLUME IX; Protection against interference, recommendations of the K series.
Construction, installation and protection of cables and other elements of outside plant, recommendations of the L series; Oct. 1984

Teil 2

Peter Fischer

Ermittlung der Störfestigkeit gegen Entladungen statischer Elektrizität

Die mit Publikation 801-2 „Prüfverfahren zur Simulation der Entladung statischer Elektrizität" gesammelten Erfahrungen machten wegen der festgestellten Abweichungen zwischen natürlicher Entladung und der Simulation mit einigen Generatoren – insbesondere bei höheren Spannungen (8–15 kV) – Verbesserungen notwendig. Diese fanden ihren Niederschlag in der überarbeiteten IEC-Publikation 801-2, veröffentlicht im April 1991. Der nachfolgende Beitrag befaßt sich ausführlich mit der Entstehung und Simulation dieses Störphänomens.

1 Einführung

Ein Naturphänomen, das bereits 600 v.Chr. von Thales von Milet beobachtet worden war, nämlich die elektrostatische Aufladung von Gegenständen und die in der Folge stattfindende Entladung, bringt gerade in der modernen Elektronik große Probleme.

Elektrostatische Entladungen ESD (Electro Static Discharge), oder korrekter ausgedrückt, Entladungen statischer Elektrizität, sind ein Teilgebiet der Elektromagnetischen Verträglichkeit. Man kann ihre Auswirkungen weder zu den leitungsgeführten Störungen einordnen noch als Wirkung von elektromagnetischen Feldern erklären: die Störung oder gar Zerstörung von elektronischen Geräten aufgrund von elektrostatischen Aufladungen ist sehr komplex.

1.1 Entstehung elektrostatischer Aufladung

Elektrostatische Aufladungen entstehen durch die Trennung von Ladungsträgern isolierender Stoffe. Die Gefährdung elektronischer Geräte erfolgt zumeist durch die Bewegung eines Menschen mit gut isolierendem Schuhwerk bzw. Kleidung auf einem gut isolierenden Teppich oder einem isolierten Stuhl (Abb. 1.1).

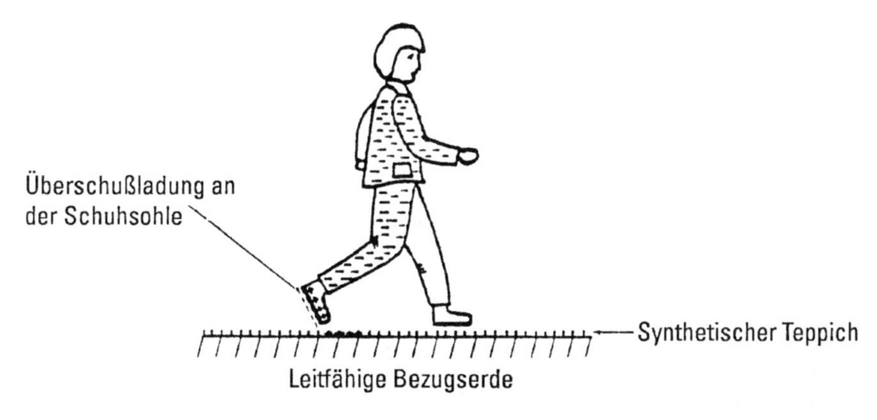

Abb. 1.1: Aufladevorgang einer Person

Mit jedem Schritt beim Gehen eines Menschen mit gut isolierendem Schuhwerk über einen isolierenden Bodenbelag baut sich ein immer höheres Potential gegenüber dem Erdpotential auf (Abb. 1.2).

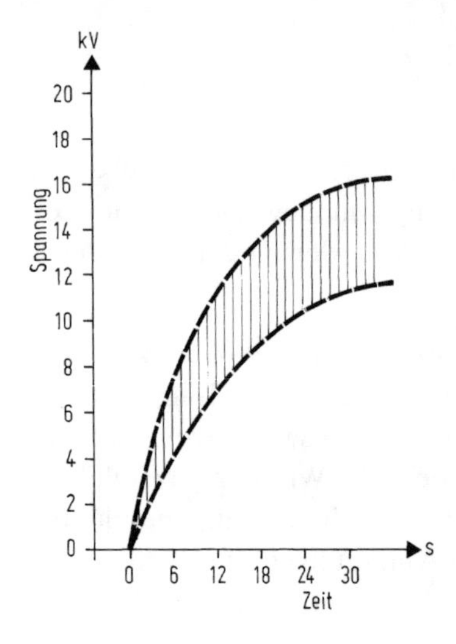

Abb. 1.2 Spannungsaufbau zwischen dem menschlichen Körper und der Erde

Die Spannung ist abhängig von verschiedenen Faktoren wie z.B. – sehr entscheidend – von der Luftfeuchtigkeit, dem Isolationswiderstand des Schuhwerks und des Bodenbelags, sowie der Kapazität, die die Person gegenüber dem Erdpotential bildet. Es sind Aufladespannungen von Menschen gegenüber der Erde bis über 16 kV festgestellt worden.

Die elektrostatische Aufladung von Menschen ist zwar bestimmt die Hauptursache für die Gefährdung elektronischer Geräte und Systeme, es ist aber unbedingt zu beachten, daß auch bei technischen Abläufen, wie durch die Bewegung von Pulvern, Granulaten oder Flüssigkeiten in der chemischen Industrie bzw. bei der Kunststoffverarbeitung oder bei der Herstellung von Papier und Kunststoffolien, sehr hohe statische Aufladungen entstehen können.

1.2 Spannungsfestigkeit von Halbleitern

Wenn man im Vergleich zu diesen Spannungen die Spannungsfestigkeit moderner Halbleiterbauelemente vergleicht, ist es nicht verwunderlich, daß elektronische Geräte durch elektrostatische Aufladung derart gefährdet sind. Diese Spannungsfestigkeit wird mit einer Prüfschaltung, die in der Prüfvorschrift IEC 47 (Co) 812 festgelegt ist, gemessen (Abb. 1.3).

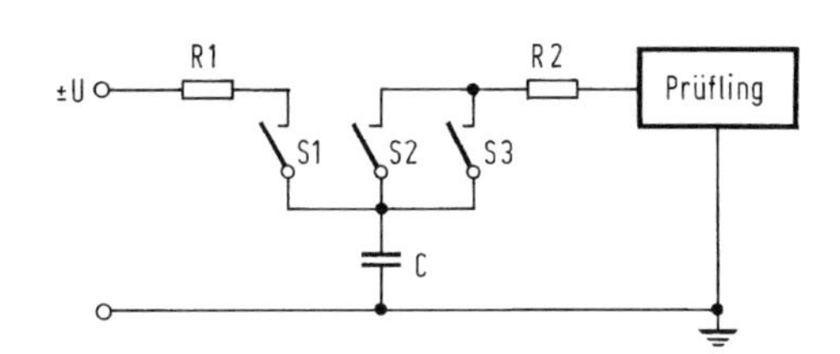

Abb. 1.3 Prüfschaltung nach IEC 47 (Co) 812
U = 2 kV, R1 ≈ 1 MΩ, R2 = 5 kΩ, C = 220 pF

Die Ursache für die Zerstörung der Halbleiter ist bei bipolaren Halbleiterschaltungen das Durchbrennen der Eingangsdioden, bei C-MOS-Schaltungen der Durchbruch des Gate-Oxydes (Tab. 1.4).

Tab. 1.4 Spannungsfestigkeit von Halbleiterbauelementen

Element	Spannung (V)
MOSFET	100–200
EPROM	100
JFET	140–7000
OP-Verstärker	100–2500
CMOS	250–3000
Schottky Dioden	300–2500
Dick- u. Dünnschicht-Schaltungen	300–3000
Bipolare Transistoren	300–7000
Schottky TTL	1000–2500

Weltweit werden für den Transport und die Verarbeitung Hunderte von Millionen Mark zum Schutz der Halbleiter gegen statische Aufladung ausgegeben. Ganze Industriezweige für leitfähige Verpackungsmaterialien und Hilfsmittel für die Ableitung elektrostatischer Aufladung sind entstanden, aber für den Schutz in den fertigen Geräten und System wird noch viel zu selten Vorsorge getroffen.

2 Der Entladeimpuls

Unter dem Gesichtspunkt der Elektromagnetischen Verträglichkeit wurde vor allem der Stromimpuls untersucht, der bei der Entladung eines elektrostatischen Feldes entsteht. Da, wie schon gesagt, vor allem die Entladung von Menschen die Hauptursache für Ausfälle elektronischer Geräte ist, wurden der Praxis entsprechende Untersuchungen durchgeführt. Versuchspersonen, die gegen Erde gut isoliert waren, wurden durch eine Hochspannungsquelle aufgeladen. Über einen Metallgegenstand, wie es in der Praxis z.B. ein Schlüssel oder ein Schraubenzieher sein kann, wurde die Versuchsperson dann entladen, und über eine geeignete Meßvorrichtung der entstehende Stromimpuls gemessen (Abb. 2.1).

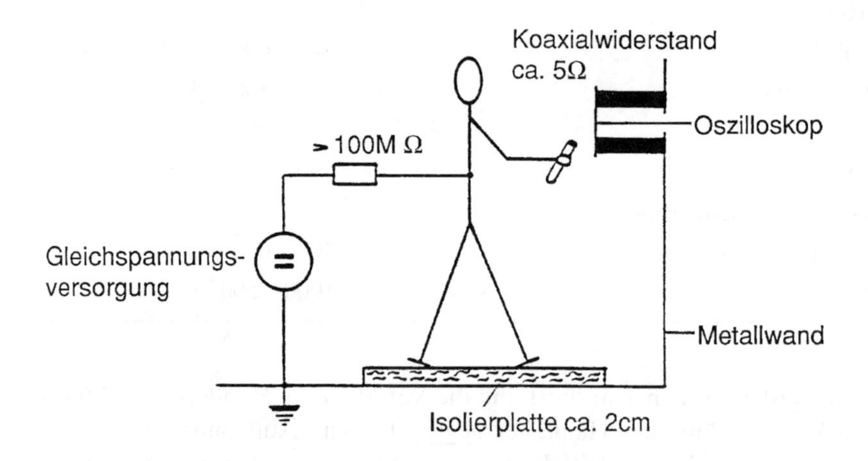

Abb. 2.1 Versuchsaufbau zur Messung des Entladeimpulses

Man stellte fest, daß es sich um Impulse handelt mit Stromspitzen bis zu 60 A und Anstiegszeiten von 0,5–50 ns bei einer Impulsbreite von 35–100 ns. Es wurde deshalb in den ersten Normvorschlägen ein Impuls mit einer Anstiegszeit von 5 ns und einer Impulsbreite von 30 ns festgelegt (Abb. 2.2).

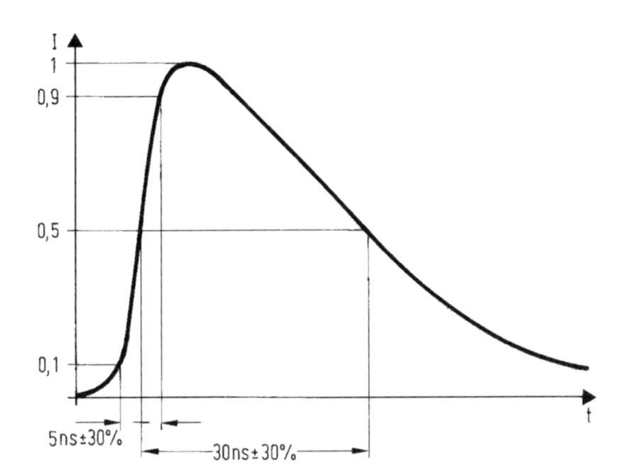

Abb. 2.2 Typische Kurvenform des Ausgangsstroms des ESD-Generators

Um die Einwirkung von derartigen Entladungen auf ein Gerät und die Wirksamkeit von Schutzmaßnahmen testen zu können, benötigt man einen Generator, mit dem sich entsprechende Impulse reproduzierbar erzeugen lassen. Entsprechend den mit Personen durchgeführten Versuchen ergibt sich eine einfache Ersatzschaltung für einen derartigen ESD-Simulator (Abb. 2.3):

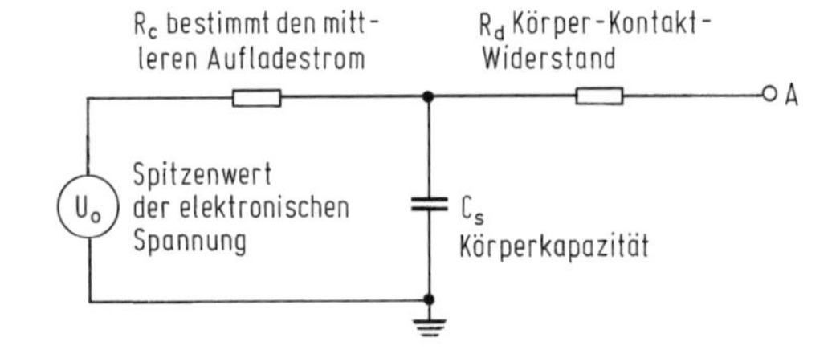

Abb. 2.3 Ersatzschaltbild eines ESD-Simulators

Ein Hochspannungsgenerator lädt über einen Ladewiderstand R_c einen Kondensator C_s auf, der die Kapazität eines menschlichen Körpers gegenüber dem Erdpotential darstellt. Die Entladung erfolgt über einen Entladewiderstand R_d, der die Summe des Körperwiderstandes und der Kontaktübergangswiderstände darstellt. In den ersten Normvorschlägen, die vom IEC-Gremium TC 65 WG 4 sehr intensiv erarbeitet und auch durch praktische Versuche belegt worden waren, wurde der Ladewiderstand mit R = 100 M Ohm (± 10%) und der Kondensator C auf 150 pF (± 10%) definiert. Der Entladewiderstand R, der ursprünglich auf einen Wert von 150 Ohm ± 5% festgelegt war – wie in der z.Z. noch gültigen VDE 0843 Teil 2 – wurde nach neueren Erkenntnissen für die Nachbildung der Entladung durch einen Menschen („human body model“) auf 330 Ohm (± 10 %) erhöht.

Bei der Entladung von metallischen Gegenständen, wie z.B. einem auf isolierenden Rollen aufgebauten Laborwagen gegen ein elektronisches Gerät kann dieser Entladewiderstand wesentlich geringer sein. Manche Anwender definieren hier einen Wert von 15 Ohm („furniture model“).

Nach Einführung der ersten Normenvorschläge ergaben sich in der Meßpraxis erhebliche Probleme bezüglich der Reproduzierbarkeit der Messungen über den vollen Spannungsbereich bis 16 kV.

Einen großen Einfluß hatte die Annäherungsgeschwindigkeit der Entladespitze an den Prüfling, denn bei zu langsamer Annäherung konnten Vorentladungen auftreten, welche die Meßwerte wesentlich beeinflußten. Außerdem beeinflußten auch die Luftfeuchtigkeit und die Handkapazität die Messungen.
Da aber für die Bestimmung der Störfestigkeit die Reproduzierbarkeit von Messungen entscheidend ist, entschloß man sich, in der Norm die Entladung über ein geeignetes Relais festzuschreiben (Abb. 2.4). Damit waren gleiche Bedingungen, unabhängig von äußeren Einflüssen, gegeben.

Die Anstiegszeit des Impulses verringert sich bei Verwendung des Relais auf 0,7–1 ns, die max. Spannung wurde auf 8 kV festgelegt. Die Impulsform verändert sich bei der Verwendung eines Relais (Abb. 2.5). Sie mußte neu definiert werden. Zur Unterteilung in verschiedene Prüfklassen wird nicht mehr die angelegte Spannung, sondern der nach 30 ns und 60 ns gemessene Strom verwendet (Abb. 2.6).

Die Entladung über ein Relais erfordert auch eine Änderung der Entladeelektrode. Für die Entladung über die offene Luftstrecke hatte man den bereits in der IEC genormten Prüffinger mit einem Durchmesser von 8 mm und halbkugeliger Elektrode gewählt, um Vorentladungen durch Koronaentladungen möglichst zu vermeiden. Bei der Entladung über ein Relais kommt es vor allem auf eine gut leitende Verbindung zum Prüfling an. Deshalb wählte man als Elektrode eine genau definierte Spitze, mit der auch Oxyde oder Lackreste durchstoßen werden können (Abb. 2.7).

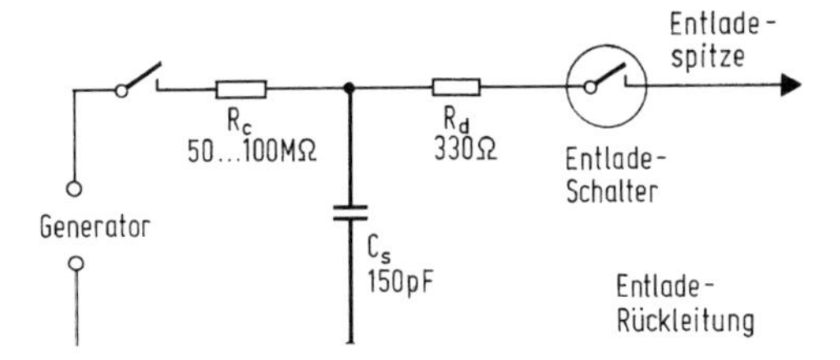

Abb. 2.4 Prinzipschaltbild des ESD-Generators mit Entladerelais

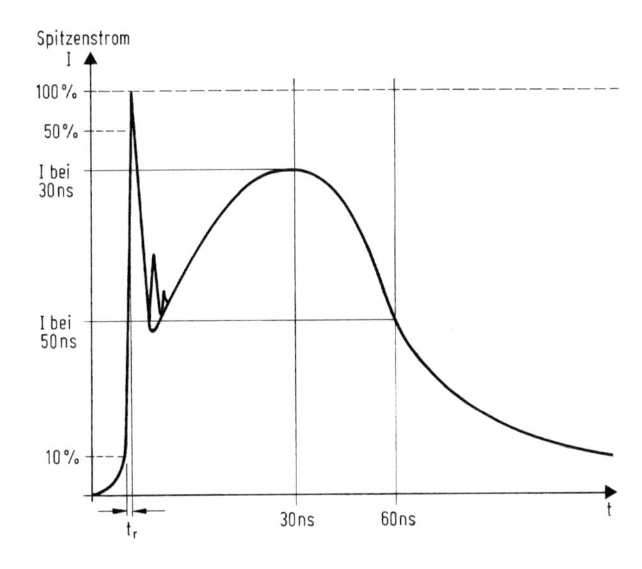

Abb. 2.5 Typische Impulsform des Ausgangsstroms des ESD-Generators

Tab. 2.6 Werte des Entladeimpulses

Klasse	Angezeigte Spannung (kV)	Spitzenstrom der ersten Entladung	Anstiegszeit	Strom bei 30 ns	Strom bei 60 ns
1	2	7,5 A ± 10 %	0,7 bis 1 ns	4 A ± 30 %	2 A ± 30 %
2	4	15 A ± 10 %	0,7 bis 1 ns	8 A ± 30 %	4 A ± 30 %
3	6	22,5 A ± 10 %	0,7 bis 1 ns	12 A ± 30 %	6 A ± 30 %
4	8	30 A ± 10 %	0,7 bis 1 ns	16 A ± 30 %	8 A ± 30 %

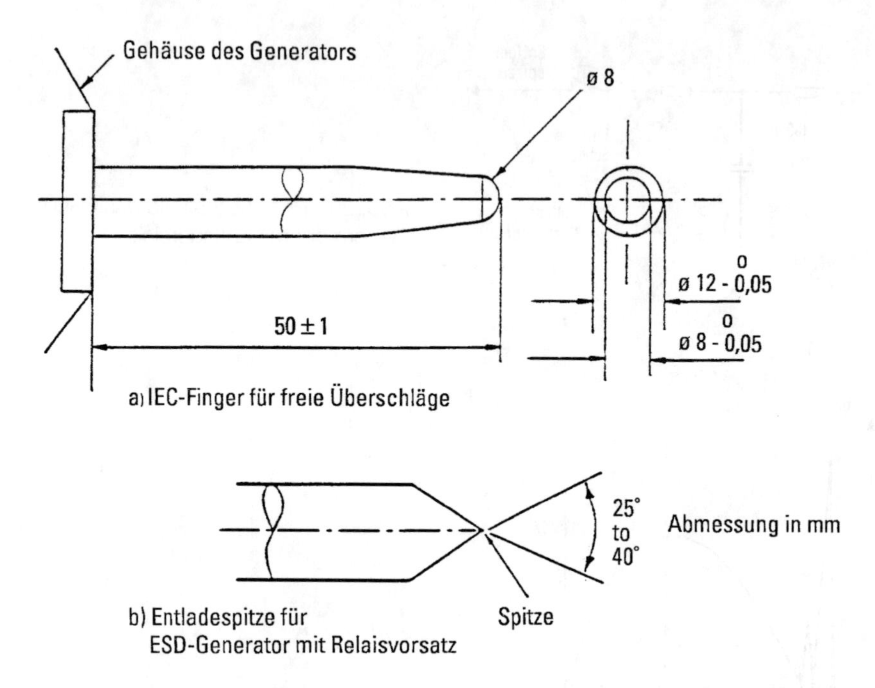

Abb. 2.7 Entladeelektroden des ESD-Generators

3 Kalibrierung

Um Meßvergleiche durchführen zu können, müssen die Generatoren kalibriert werden (Abb. 3.1). Die Kalibrierung kann sowohl für die Entladung über eine freie Funkenstrecke, als auch über ein Relais durchgeführt werden.

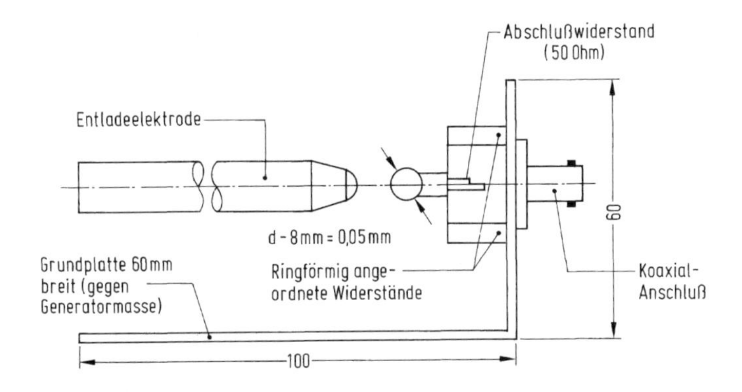

Abb. 3.1 Kalibrieranordnung bei Entladung über eine freie Funkenstrecke

Mit einem entsprechenden Meßvorsatz, der ebenfalls von der TC 65 WG 4 entwickelt wurde und nach derem italienischen Mitglied oft „Pellegrini Target" genannt wird, können die bei der Entladung entstehenden Impulsströme und -spannungen exakt erfaßt werden (Abb. 3.2).

Es handelt sich prinzipiell um die koaxial aufgebaute Kombination eines 2 Ohm Abschlußwiderstandes mit einem Koppelwiderstand von 50 Ohm. Die genaue Ausführung ist im Anhang B der IEC 801-2 eingehend beschrieben.

Bedenkt man, daß es sich bei der Entladung um Impulse mit Anstiegszeiten kleiner 1 ns handelt, wird klar, daß es sich bei dieser Kalibrierung um Hochfrequenzmessungen handelt und die Auswahl der Meßmittel und der Prüfaufbau diesen Frequenzen angepaßt werden muß. Der für die Messung verwendete Oszillograph sollte eine Bandbreite von 1 GHz haben. Der Einsatz von Oszillographen mit kleinerer Bandbreite führt bereits zu erheblichen Verfälschungen der Meßergebnisse (Abb. 3.3).

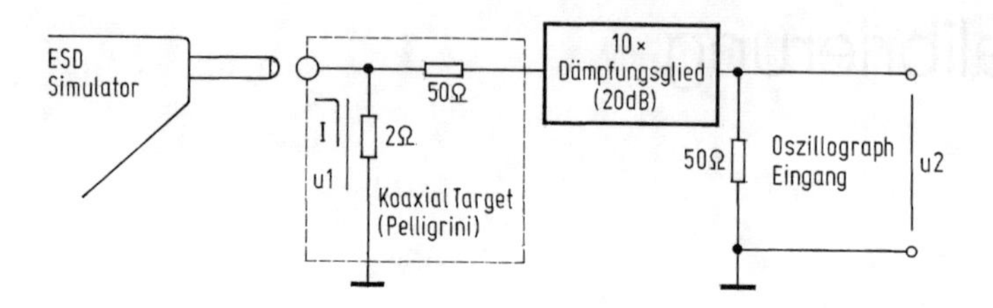

Abb. 3.2 Kalibrierschaltung

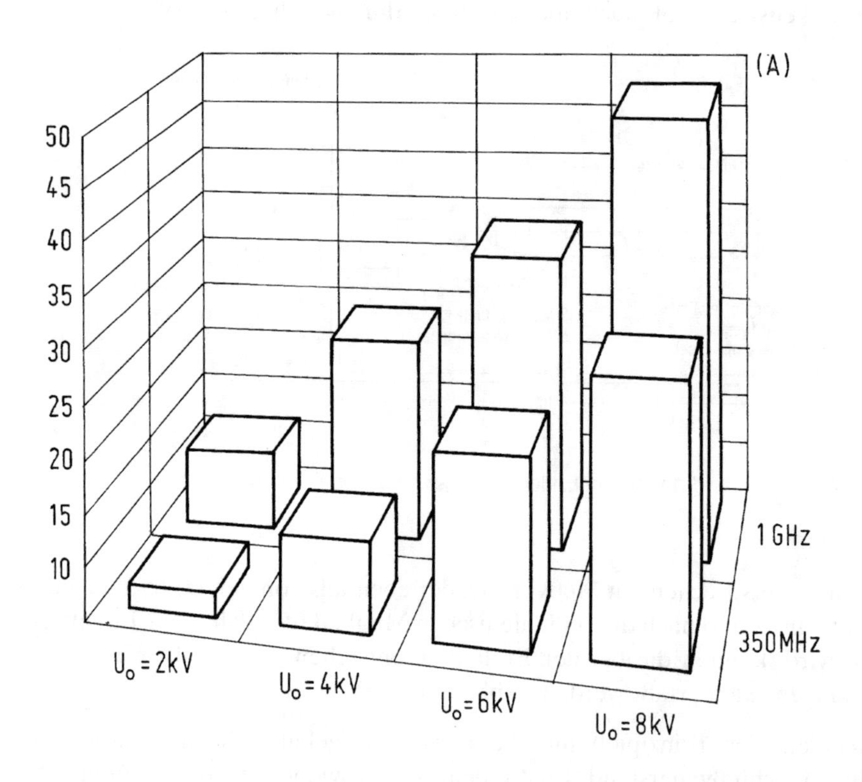

Abb. 3.3 Einfluß der Bandbreite der Meßeinrichtung auf den Spitzenstrom bei Entladung mit Relais

Eine Beeinflussung der Messung durch den Entladeimpuls kann auch bei Einsatz von Oszillographen, die vom Hersteller als einstrahlungssicher angeboten werden, nur nach Einbau in einen zusätzlichen Faraday-Käfig verhindert werden. Eine entsprechende Kalibrieranordnung wird ebenfalls in der IEC 801-2 vorgeschlagen. Bei dieser Gelegenheit muß auch darauf hingewiesen werden, daß jede Entladung statischer Elektrizität Hochfrequenz erzeugt und entsprechende Versuche nur in abgeschirmten Kabinen durchgeführt werden dürfen, um die gesetzlichen Vorschriften einzuhalten (Abb. 3.4).

Die Kalibrierung der ESD-Generatoren muß in regelmäßigen Zeitabständen wiederholt werden, um die Qualität der Messungen sicherzustellen.

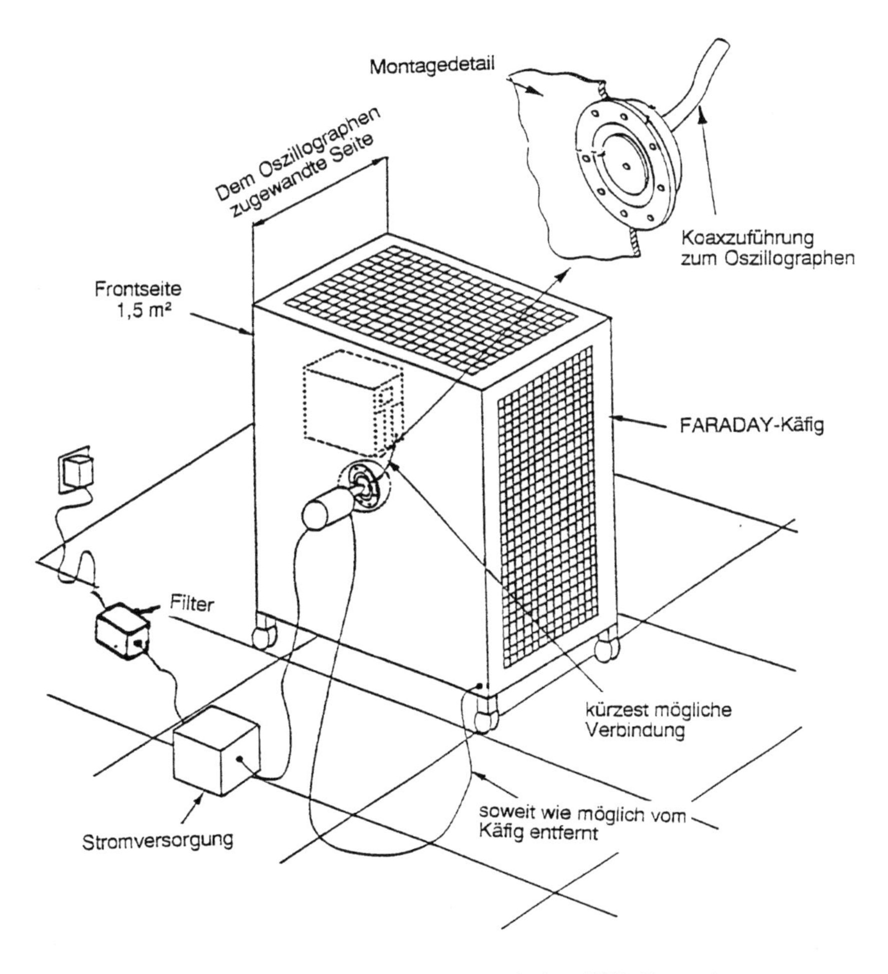

Abb. 3.4 Typische Anordnung für Messungen mit dem ESD-Generator

4 Meßaufbauten, Durchführung der Messungen

Bei hochfrequenten Messungen spielt der Meßaufbau eine entscheidende Rolle. Deshalb werden in der IEC 801-2 auch für die Meßaufbauten detaillierte Vorschläge gemacht. Man unterscheidet zwischen Laboraufbauten (Abb. 4.1), bei denen auf dem Boden eine große Masseplatte eingebaut ist, und Meßaufbauten bei installierten Geräten, bei denen eine Bezugsmasse gebildet werden muß.

Es wird ebenfalls unterschieden zwischen Prüflingen mit leitender Oberfläche (Metallgehäuse) und Prüflingen mit isolierender Oberfläche (Kunststoffgehäuse). Bei Prüflingen, die im Metallgehäuse größere Ausschnitte haben, wie z.B. Tastaturen oder Displays, sind beide Meßverfahren anzuwenden.

Bei Prüflingen mit leitender Oberfläche wird die direkte Entladung nach Kontaktierung der Prüfspitze des Generators mit dem Gehäuse durchgeführt (Kontakt-Entladung).

Bei Prüflingen mit isolierendem Gehäuse wird die Entladung auf eine horizontale oder vertikale Koppelplatte, die mit der Prüfspitze fest kontaktiert ist, durchgeführt, um die Beeinflussung des Prüflings zu untersuchen.

Die Masseplatte auf dem Boden soll eine Fläche von mindestens 1 m^2 aufweisen, aber auf jeden Fall 0,5 m über jede Kante des Testobjekts überstehen. Bei der Verwendung von Aluminium oder Kupfer genügt eine Dicke von 0,25 mm. bei anderen Materialien müssen 0,65 mm dicke Platten verwendet werden.

Die horizontale Koppelplatte muß mindestens eine Fläche von 1,6 x 0,8 m, die vertikale Koppelplatte von 0,5 x 0,5 m aufweisen. Nach dem Normvorschlag für informationstechnische Geräte (ITE) CISPR/G (Co) 10 wird für Tischgeräte auf die Prüfung mit vertikaler Koppelplatte verzichtet, bei Standgeräten ist diese Prüfung z.Z. noch in Diskussion.

Die Masseplatte ist immer so direkt wie möglich mit dem Schutzleitersystem, die Koppelplatten über 2 x 470 kOhm an jedem Ende der Verbindungsleitung mit der Masseplatte zu verbinden. Während der Generator eine Repetitionsfrequenz von mindestens 20 Hz (d.h. 20 Entladungen pro Sekunde) aufweisen muß, soll bei der Prüfung zwischen den einzelnen Entladungen eine Pause von 1 Sekunde eingehalten werden.

Nach IEC 801-2 sind für jede Messung mindestens 10 Entladungen auszulösen, der schon zuvor erwähnte Normvorschlag CISPR G (CO) 10 sieht sogar 50 Entladungen auf die horizontale Koppelplatte vor. Die Entladungen sind immer an den Stellen durchzuführen, an denen auch in der Praxis eine Annäherung eines geladenen Körpers erfolgt.

Das für die Rückleitung des Entladestroms verwendete Masseband ist standardisiert auf eine Länge von 2 m, eine Mindestbreite von 20 mm und eine Dicke von 0,1 mm. Es darf nicht näher als 0,2 m an leitende Teile des Prüfaufbaus

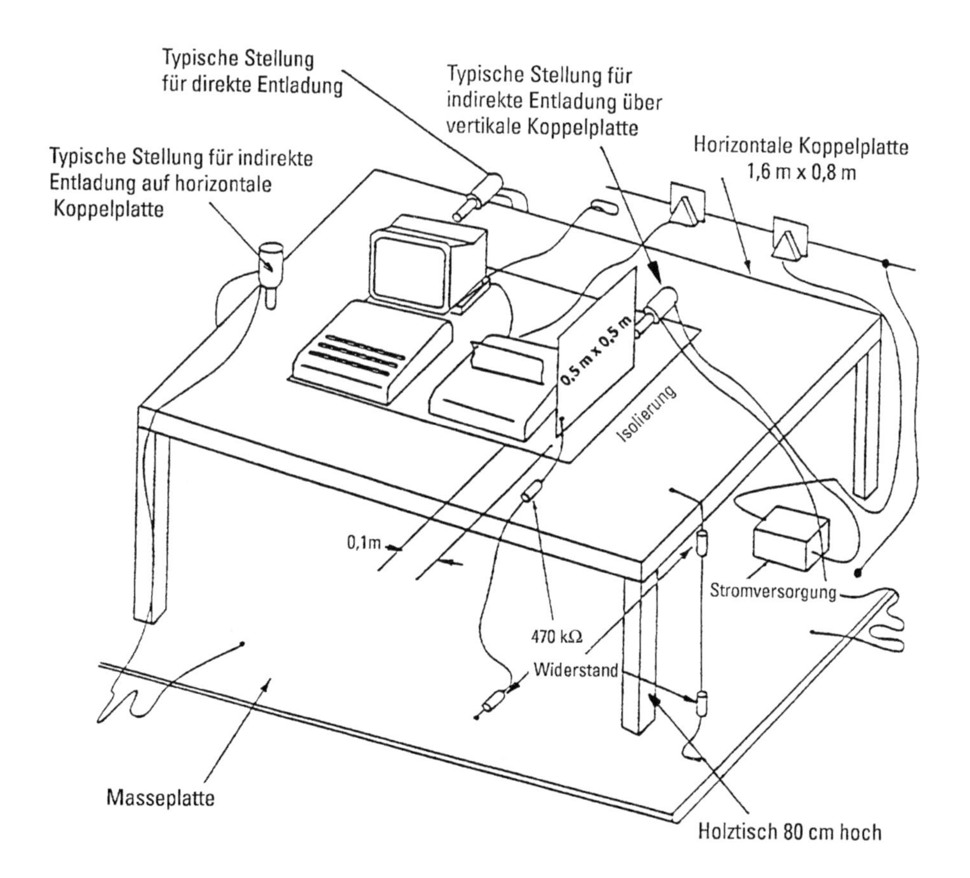

Abb. 4.1 Beispiel für einen Testaufbau von Tischgeräten, Laboraufbau

kommen; wird die Länge nicht voll benötigt, muß das nicht benötigte Band mäanderförmig auf die Masseplatte gelegt werden. Der Prüfling soll einen Abstand von mindestens 1 m zu den Kabinenwänden oder anderen Metallflächen haben. Bei der Messung soll die Umgebungstemperatur 15–35 °C und die Luftfeuchtigkeit 30–60 % betragen. Der Luftdruck kann zwischen 680–1060 mbar liegen.

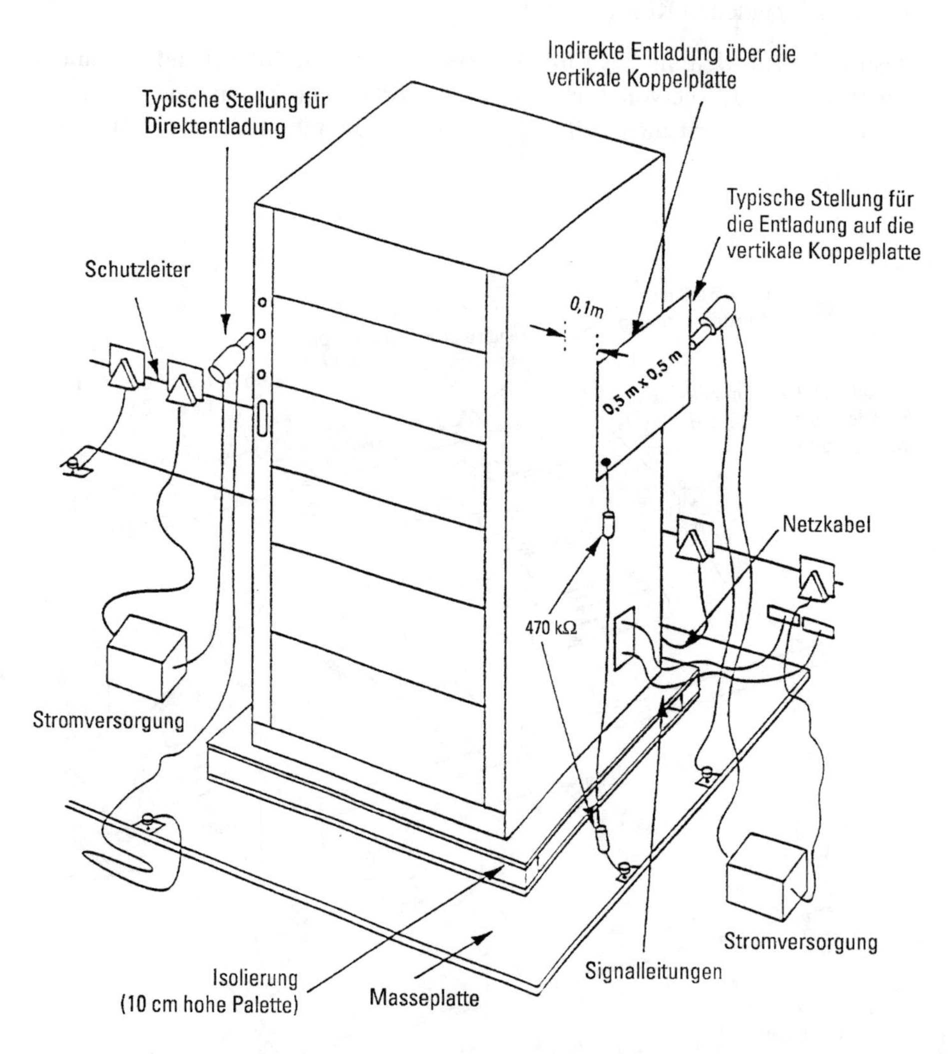

Abb. 4.2 Beispiel für einen Meßaufbau von Standgeräten, Laboraufbau

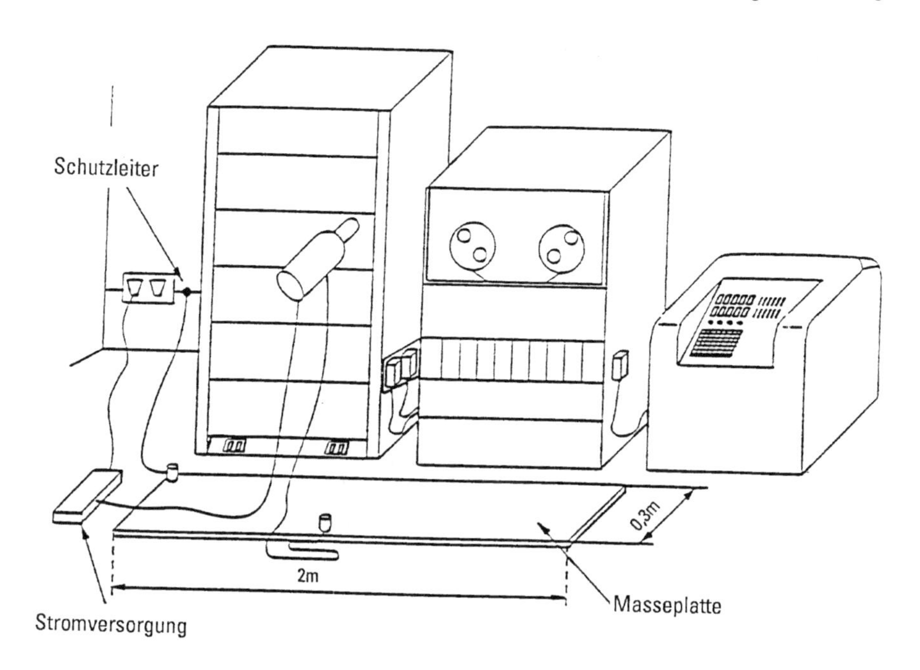

Abb. 4.3 Beispiel für einen Prüfaufbau nach der Installation

4.1 Auswahlschema für ESD-Prüfungen

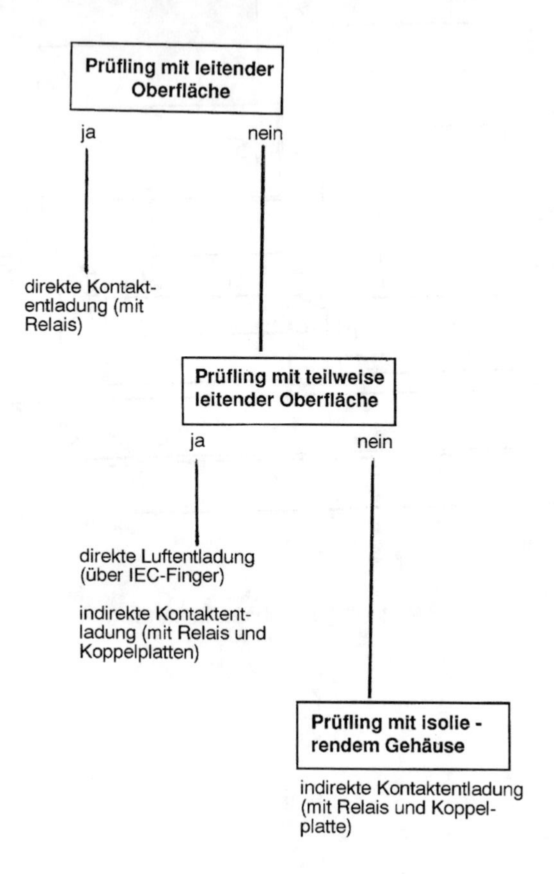

4.2 Grenzwerte

Bei der Auswahl der Prüfklassen müssen die Umgebungsbedingungen am späteren Einsatzort der Geräte und Systeme berücksichtigt werden. Die IEC 801-2 sieht je nach dem vorhandenen Bodenbelag und der mittleren Luftfeuchte vier Prüfklassen vor, ergänzt durch eine Klasse X, die für eine freie Vereinbarung zwischen Hersteller und Abnehmer vorgesehen ist. Die eigentlichen Grenzwerte sind in den verschiedenen Normen bzw. Gerätestandards festgelegt.

Tab. 4.1 ESD-Grenzwerte Klassifizierung nach IEC 801-2

Klasse	Relative Luftfeuchte über (%)	Antistatisches Material	Synthetisches Material	Maximale Spannung (kv)
1	35	X		2
2	10	X		4
3	50		X	8
4	10		X	15
X	—	–	–	spezial

5 Schutzmaßnahmen gegen die Auswirkungen elektrostatischer Entladungen

Während man elektronische Geräte gegen Netztransienten auch nachträglich durch den Einbau von Filtern schützen kann, ist es weitaus problematischer, Geräte und Systeme bzgl. ihrer Empfindlichkeit gegen ESD zu verbessern. Meistens sind aufwendige Abschirmmaßnahmen, evtl. sogar ein neues Layout, für die Platinen notwendig. Es lohnt sich deshalb, schon in der Entwicklung Einzelgeräte oder Baugruppen bzgl. ihrer Störfestigkeit gegen ESD zu testen.

Im Rahmen dieser Hinweise zu den Störfestigkeitsprüfungen können nur allgemeine Vorschläge zur Verbesserung des Schutzes elektronischer Geräte und Systeme gegen elektrostatische Entladungen gegeben werden.

Die einfachste Maßnahme zur Vermeidung von ESD ist die Erhöhung der Luftfeuchtigkeit in den Räumen, in denen die Geräte betrieben werden. 50 % bis 65 % sollten mindestens eingehalten werden.

Geräte mit Metallgehäusen sind zumeist – bei sinnvollen Masseverhältnissen – unproblematisch bzgl. ESD. Verwendet man Kunststoffgehäuse, können sehr aufwendige Maßnahmen, wie z.B. das Ausspritzen der Gehäuse mit Metallen, notwendig werden, um die Geräte störsicher zu machen.

Konstruktiv läßt sich oft mit einfachen Mitteln die Störfestigkeit verbessern. Es ist z.B. darauf zu achten, daß die Gehäuse keine scharfen Kanten aufweisen, um Koronaeffekte zu vermeiden. Bei Kunststoffgehäusen gilt dies auch für innenliegende leitende Teile. Die Anordnung von Platinen und Kabeln in einem Gerät beeinflussen die Störfestigkeit entscheidend. Besonders integrierte Schaltungen sollten einen größeren Abstand (ca. 1 cm) vom Gehäuse haben. Sehr wichtig ist es, bei Schirmgeflechten von Leitungen auf sehr gute breitflächige Masseverbindungen zu achten.

5.1 Normen bzw. Normentwürfe bzgl. elektrostatischer Entladung

1. IEC Standard Publikation 801-2 April 1991
2. VDE 0843 Teil 2 Sept. 1987 (IEC 801-2, 1984)
3. VDE 0843 Teil 2 Ausg. 2 Entwurf v. Januar 1991
4. VDE 0847 Teil 2 Entwurf Oktober 1987 Abs. 7.4
5. VG-Normen: – VG 95373 Teil 14, Abschnitt 4.5
   Meßverfahren (Grenzwerte)
   – VG 95373 Teil 24, Abs. 5.5, Tabelle 3
6. VG 95377 Teil 12 – Pulsgenerator Nr. 1226
7. PTB – Prüfregeln Abs. 3.5
8. Richtlinien für Gefahrenmeldeanlagen (VDS) 1.85, Abs. 5.2.5
9. Störfestigkeit von Teilnehmereinrichtungen
   DIN VDE 0878, T.200
   Entwurf Mai 1987, Absch. 6
10. ISO TC 22 CD 10 605 E Mai 90
11. NAMUR-Empfehlung, EMV, Störfestigkeitsanforderungen Abs. 3.2.7
12. ECMA TR 40 März 89
13. Cenelec Entwurf pr EN 55 101-2 Mai 90
    für ITE (Information Technology Equipment)
14. IEC 65 A (für SPS in Vorbereitung) 65 A (CO) 22
15. IEC 601-1 TC 62A (Secretariat) 109, Abs. 5.1
16. CISPR G (Central Office) 10

Literatur

[1] IEC 801-2, 2. Ausgabe April 91

[2] Probst, W. Simulation elektrostatischer Entladungen, etz Bd. 100 (1979) Heft 10

[3] Kunz, H. Elektrostatische Entladung und Simulation des Entladevorgangs, Elektronik 1981 Heft 14

[4] Lüttgens, E., Boschung, P. Elektrostatische Aufladungen, Expert-Verlag Grafenau

[5] Schwab, A.J. Elektromagnetische Verträglichkeit, Springer Verlag, 1990

[6] Daout, B., Ryser, M. Fast Discharge in ESD Testing EMC Symposium, Zürich 1985

Teil 3

Martin Lutz

Ermittlung der Störfestigkeit gegen energiearme ns-Impulse

Mit dem EFT (**E**lectric-**F**ast-**T**ransient IEC 801-4)
oder Burst Generator

Der nun folgende Teil befaßt sich ebenfalls mit einem hochfrequenten Kurzzeit-Störphänomen geringer Energie (mJ). Das Phänomen der schnellen Transienten (Burst) unterscheidet sich von der Einzelentladung bei elektrostatischer Aufladung durch die hohe Wiederholfrequenz der Einzelimpulse, die in der Natur als Büschelstörungen auftreten. Während die Entladung statischer Elektrizität von sehr hohen Entladeströmen gekennzeichnet ist, kommen bei den schnellen Transienten hauptsächlich die Spannungsanteile zur Wirkung.

Einführung

Ströme in Leitern und Spannungen zwischen leitenden Strukturen verursachen mit den Magnetfeldern bzw. den elektrischen Feldern, um so höhere elektromagnetische Beeinflussungen in ihrer Nachbarschaft, je schneller sie sich zeitlich ändern. Die Intensität einer induktiven Kopplung über das Magnetfeld eines Stromes wächst proportional mit dessen Änderungsgeschwindigkeit, ebenso das Ausmaß der kapazitiven Kopplung über das elektrische Feld einer Spannung. Eine der häufigsten und gefährlichsten Störquellen ist der Schalter, der nicht im Stromnulldurchgang geschaltet wird. Insbesondere können heftige Störungen auftreten, wenn im Schaltkreis induktive Lasten vorhanden sind. Das Schließen oder Öffnen eines Schalters stellt einen komplexen Vorgang dar, der in im weiteren zum besseren Verständnis in verschiedene zeitliche Abläufe unterteilt wird.

1 Entstehung von Schalttransienten Burst

1.1 Schaltzeit eines mechanischen Schalters

Erfahrungsgemäß entstehen besonders starke Beinflussungen durch schnelle Änderungen von Spannung und Strom, wenn ein Schalter einen raschen Übergang von isolierendem zu einem gut leitenden Zustand erzeugt. Dies ist unter anderem der Fall beim Schalten mit mechanisch bewegten Kontakten, zwischen denen sich vor der Berührung oder beim Öffnen, Funken bilden.

Aus der Formel in Abb. 1.1, hergeleitet vom Toepler Gesetz, wird ersichtlich, daß die Feldstärke, die im Moment des Schaltvorganges vorherrscht, im wesentlichen die Schaltzeit bestimmt. Je größer die Feldstärke ist, desto kürzer wird die Schaltzeit Ts sein.

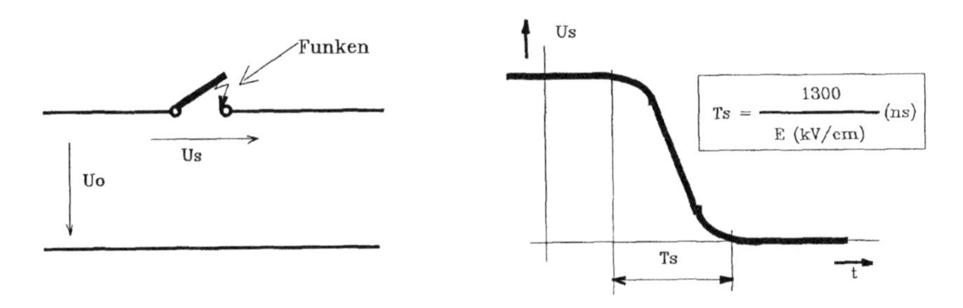

Abb. 1.1 Funkenbildung durch Schließen eines Schalters

Die drei Oszillogramme in Abb. 1.2 bestätigen, daß bei höherer Feldstärke die Schaltzeit kleiner wird. Ein Vergleich zwischen Messung B und C zeigt, daß bei etwa gleicher Spannung, aber unterschiedlichem Druck die Schaltzeit um einen Faktor 10 verschieden ist.

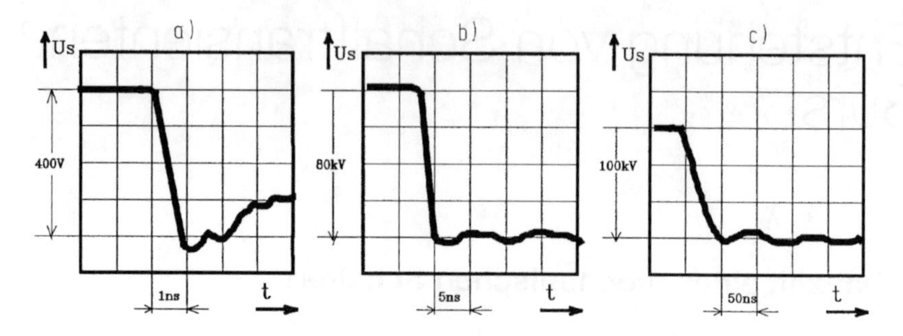

Abb. 1.2 Schaltzeit verschiedener Schaltertypen
a) Niederspannungsrelais 220V, b) Hochspannungstrennschalter, gekapselt Druck 4 bar, c) Freiluft Trennschalter

In /2/ wird deutlich gemacht, daß die Schalttransienten in verschiedenen Netzen wie Hoch-, Mittel- und Niederspannung mit ähnlichen Merkmalen auftreten. Wie aus der Abb. 1.2 ersichtlich ist, liegen je nach Schaltertyp die Schaltzeiten im Bereich von 1ns bis 100 ns.

Der Schaltkreis, in dem die in Abb. 1.2 gezeigten Oszillogramme aufgenommen wurden, kann für das bessere Verständnis in die drei Zonen unterteilt werden: Quelle, Schalternahzone und Last. Der Schalternahzone werden die Verbindungen vom Schalter zur Quelle und vom Schalter zur Last zugeordnet.

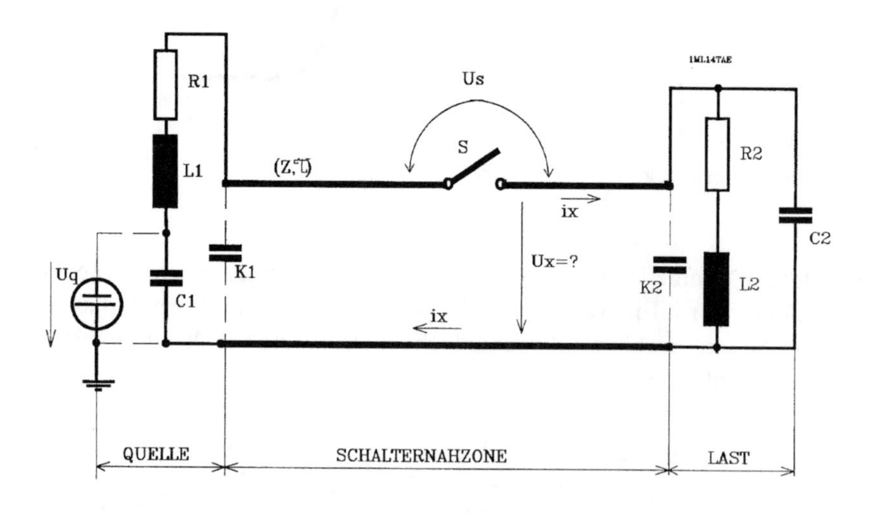

Abb. 1.3 Schematische Darstellung eines Schaltkreises

Für unsere weiteren Überlegungen ist nicht die Spannung Us, sondern die Spannung Ux oder der Strom Ix wichtig, die die Störungen in der Last, oder über parallel verlaufende Leitungen in anderen elektronischen Systemen erzeugen. In Abb. 1.4 sind drei Messungen mit unterschiedlicher Zeitbasis gegeben.

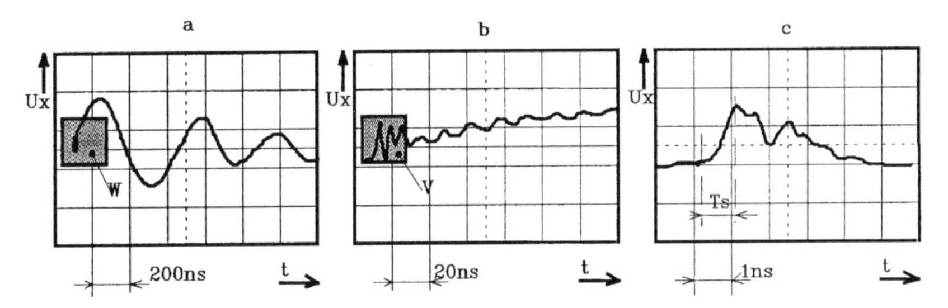

Abb. 1.4 Spannung Ux bei verschiedenen Zeitauflösungen
a) Übersichtsoszillogramm Zeitbasis 200 ns
b) Teil W des Übersichtsoszillogrammes Zeitbasis 20 ns
c) Teil V des Übersichtsoszillogrmmes Zeitbasis 1 ns

Dem Oszillogramm c aus Abb. 1.4 kann entnommen werden, daß sich die Schaltzeit Ts und die Form der Schaltspannung Us in der Schalttransienten Ux abbildet, und sich als Welle gegen die Last ausbreitet. Eine ähnliche Welle wandert auch in Richtung der Quelle.
In Abb. 1.4 b sind zu Beginn des Impulsverlaufes Reflexionen sichtbar, die im wesentlichen durch die Leitungslänge „Schalternahzone“ und den Reflexionsstellen K1 und K2 bestimmt sind. Das Oszillogramm 1.4 a zeigt die Einschwingvorgänge zwischen der Last und der Quelle.

1.2 Ersatzschaltbild einer Burst-Quelle

In der Einleitung wurde zum besseren Verständnis der Schaltzeit ein Kreis mit einem sich schließendem Schalter dargestellt. Die gefährlichen Burst-Schalttransienten treten vorwiegend bei sich öffnendem Schalter auf. Ist der Strom beim Öffnen des Schalters nicht Null, so ist eine Energie in den Induktivitäten L1 und L2 vorhanden, die sich entsprechend der Schaltung von L1 in C1 und von L2 in C2 umzuladen beginnt.

Abb. 1.5 zeigt ein typisches Ersatzschaltbild für einen Kreis, in dem induktive Lasten wie Relaisspulen, Timer, Motoren, Schütze und andere induktiven Lasten zum Netz hinzu oder abgeschaltet werden. Das Auftrennen des Stromkreises erzeugt in den beiden Restkreisen oszillierende abklingende Transien-

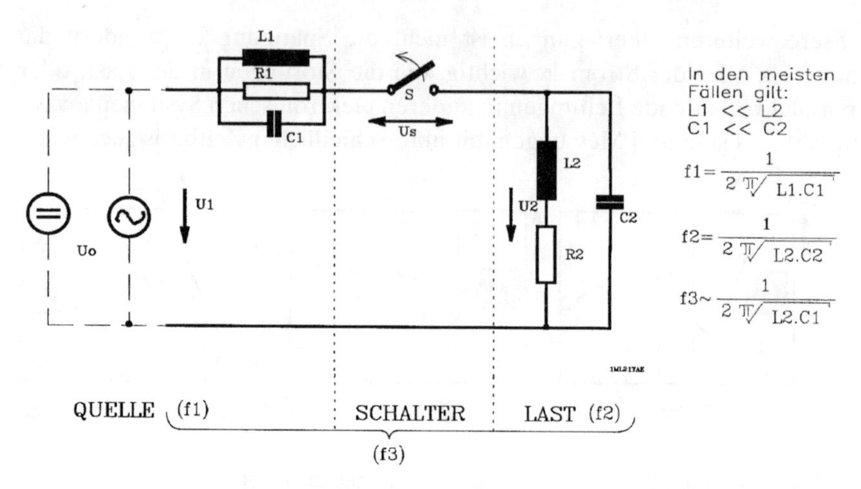

Abb. 1.5 Ersatzschaltbild einer Burst-Quelle

ten mit den Eigenresonanzfrequenzen f1 und f2. Da im allgemeinen L1 sehr viel kleiner als L2 ist, wird ebenfalls die Resonanzfrequenz f1 auf der Speiseseite wesentlich größer als f2 auf der Verbraucherseite. Durch die vektorielle Überlagerung der Spannungspegel über den Schaltkontakten wird die Spannung über den Kontakten des Schalters S wesentlich höher werden, als die Spannung der Einzelkomponenten auf der Quellen- oder Lastseite. Solange die resultierende Spannung über den Kontakten größer ist, als die Spannungsfestigkeit zwischen den Elektroden des Schalters führt dies zu Spannungszusammenbrüchen, siehe Abb. 1.6.

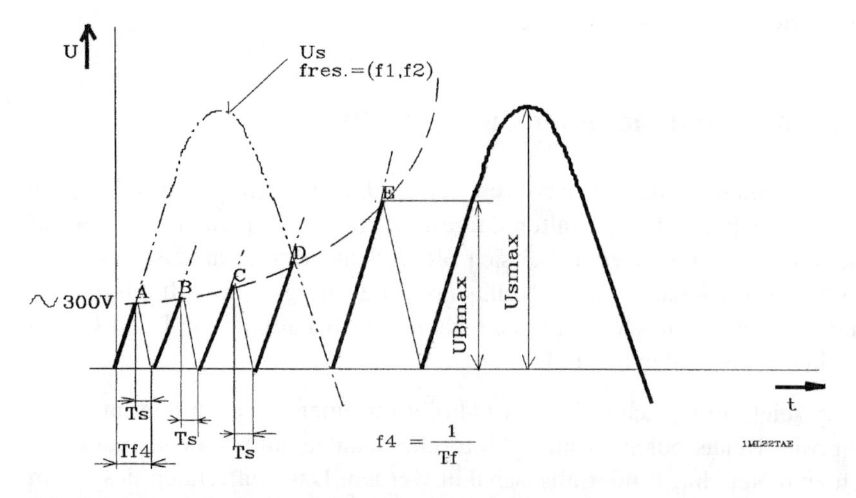

Abb. 1.6 Schematische Darstellung des Rückzündens eines sich öffnenden Schalters.

Dieses intermittierende Löschen und Rückzünden des Funkenstreckenkanals führt zu einer Schaltfrequenz Tf4, die sich im Verlauf des Schaltvorganges ändert. Der intermittierende Vorgang ist erst beendet, wenn die Spannungsbeanspruchung der Schaltkontakte kleiner ist, als die elektrische und thermische Festigkeit des Funkenstreckenkanals. Die gestrichelte Linie, die die Punkte A; B; C usw. verbindet, stellt die Spannungsfestigkeit (Distanz) zwischen den Kontakten des sich öffnenden Schalters S dar. Bei jeder Zündung ergibt sich die Schaltzeit Ts. Die Spannungsamplitude erhöht sich von Zündnung zu Zündung bis zu UBmax.

Der beschriebene Schaltvorgang kann sowohl bei Niederspannungsrelais, als auch bei Hochspannungsschaltern beobachtet werden.

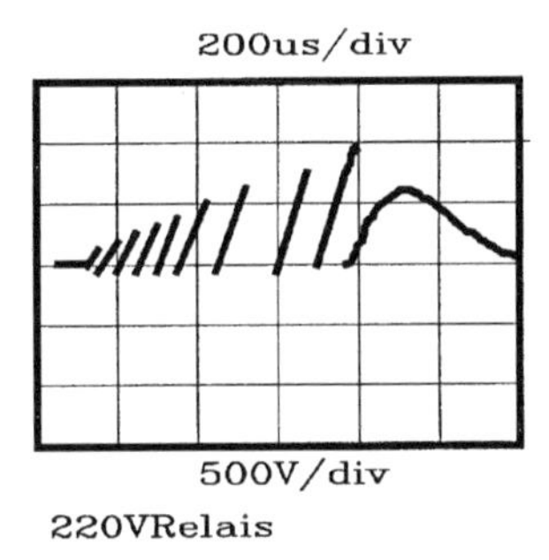

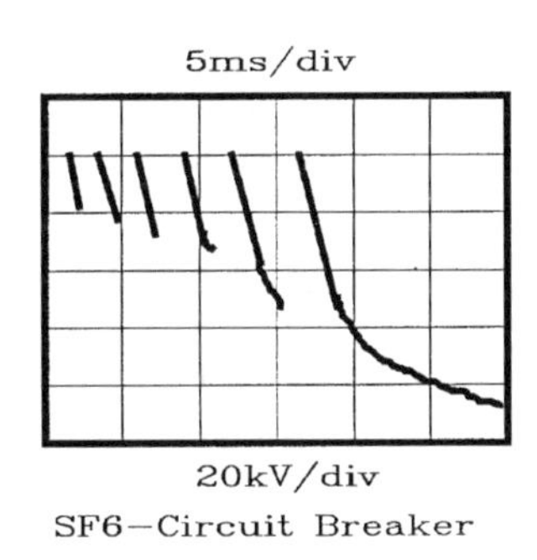

Abb. 1.6a Praktische Messungen an einem Relais und an einem Hochspannungsschalter.

In den Oszillogrammen ist die Schaltzeit Ts nicht erkennbar, da die Zeitbasis viel zu groß ist, um ns Impulse auflösen zu können.

Zusammenfassend kann das Störphänomen wie folgt beschrieben werden:

a) Die Spannungszusammenbrüche, beziehungsweise die Entladungen während des Schaltvorganges erreichen Frequenzen von 10kHz bis zu 10MHz während eines Schaltvorganges. Die Scheitelwerte Us der oszillierenden Transienten liegen zwischen 100V und einigen Kilovolt. Das Verhalten von Spannung und Frequenz während eines Schaltvorganges ist invers, d.h. am Anfang entstehen hohe Repetitionsfrequenzen und kleine Amplituden, am Ende des Schaltvorganges kleine Frequenzen und hohe Amplituden, siehe Abb. 1.6.

Die Dauer dieser Spannungszusammenbrüche bzw. der Transientenpakete liegt zwischen ca. 20 µs und mehreren Millisekunden. Sie ist abhängig von der Last (thermische Belastung der Kontakte durch den Verbraucherstrom), vom

Schaltverhalten des Schaltelementes (Schaltzeit) und von den Umgebungsbedingungen (Temperatur und Verunreinigungen).

b) Jeder Spannungszusammenbruch erzeugt, entsprechend der Laufzeit der Leitung und den Reflexionen an den Leitungsenden oszillierende Transiente mit der Eigenresonanzfrequenz. Diese Frequenz bleibt während des Schaltvorganges konstant und konnte meßtechnisch im Bereich 1 bis 100 MHz nachgewiesen werden. Verändert werden kann diese Frequenz nur durch die Leitungslänge und durch die praktische Ausführung des Schaltkreisaufbaues.

c) Jedes Funkenlöschen nach einem Spannungszusammenbruch verursacht Oszillationen im Speiseteil. Durch die relativ niedrigen Kreisparameter erreicht man hier Frequenzen im Bereich von 10 bis 100 MHz. Die Scheitelwerte können einige 100V erreichen, liegen jedoch meistens um 100V.
Entsprechend der Ausbreitungscharakteristik der Leitung (Leitungslänge, parasitäre Komponenten) nimmt dieser Spannungspegel jedoch rasch ab.

Zusammenfassend kann man sagen:

Die beschriebenen Schalthandlungen produzieren Störungen mit einem breiten Angebot an Frequenzen und Amplituden, die zu den schwierigst erfaßbaren Störgrößen gehören.

Im spektralen Bereich enthalten diese breitbandigen Störungen Frequenzen bis in den Bereich von mehreren 100 MHz. Die bei den einzelnen Spannungszusammenbrüchen entstehenden Strom- und Spannungsimpulse haben Anstiegszeiten im Nanosekundenbereich. Die Störungen treten deshalb nicht nur bei der Störquelle selbst auf, sondern können abgestrahlt oder leitungsgebunden weitergegeben werden.

1.3 Berechnungen zum Störphänomen Burst

Vereinfachend betrachten wir nun den Verbraucherkreis von Abb. 1.5. Über S wird als Verbraucher ein 220V Relais angesteuert. Das Relais besitzt folgende Daten:

Lastseite: $I = 70\,mA$
$L2 = 1\,H$
$C2 = 80\,pF$

Annahme: Die in der Induktivität gespeicherte Energie wird restlos in die Streukapazität umgeladen.

$$1/2\ LI^2 = 1/2\ CU^2$$

$$U = I\sqrt{\frac{L}{C}} = 70 \cdot 10^{-3}\ A\sqrt{\frac{1H}{80 \cdot 10^{-12}\ F}} = 7826\ V$$

$$\text{mit } f2 = \frac{1}{2\pi\sqrt{LC}} = 17{,}8\ kHz$$

Netzseite: $I = 70\ mA$
$L2 = 10\ uH$
$C2 = 80\ pF$

$$1/2\ LI^2 = 1/2\ CU^2$$

$$U = I\sqrt{\frac{L}{C}} = 70 \cdot 10^{-3}\ A\sqrt{\frac{10 \cdot 10^{-6}\ H}{80 \cdot 10^{-12}\ F}} = 25\ V$$

$$\text{mit } f2 = \frac{1}{2\pi\sqrt{LC}} = 5{,}6\ kHz$$

Aus dem rechnerischen, praxisbezogenen Beispiel wird ersichtlich, daß Spannungen im Bereich von kV und große Bereiche von Resonanzfrequenzen entstehen können.

1.4 Messungen an Burst Störungen an einem Demomodell

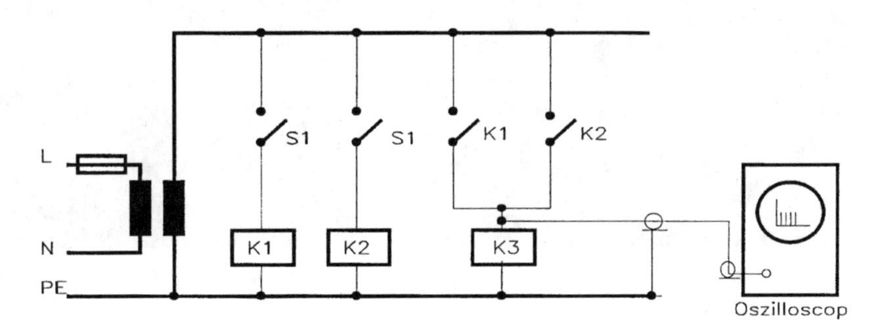

Abb. 1.7 Schaltungsaufbau eines Burst-Störers

Je nachdem, welcher Strom im Moment fließt, in dem der Relaiskontakt K1 und K2 sich öffnet, ergeben sich unterschiedliche Bursts. Der genormte Burst nach IEC 801-4 ist ein Kompromiß aus dieser Vielfalt von unterschiedlichen Paketen und den Möglichkeiten der Generatorenhersteller um 1985.

Nachstehend ist eine Auswahl von Oszillogrammen gegeben, die mit der Schaltung nach Abb. 1.7 aufgenommen wurden.

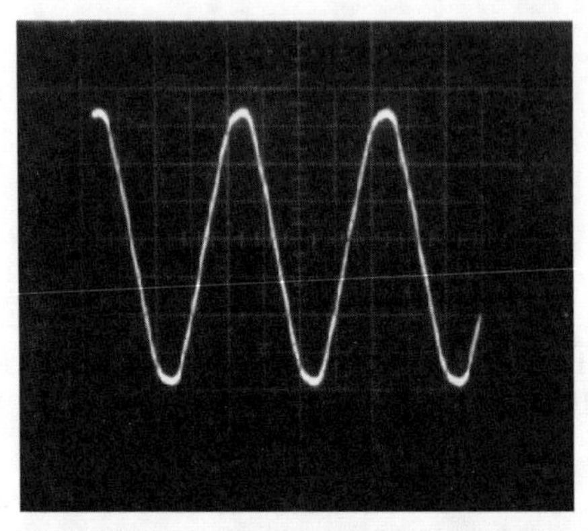

220V Netzspannung, wenn K1 oder K2 geschlossen ist.

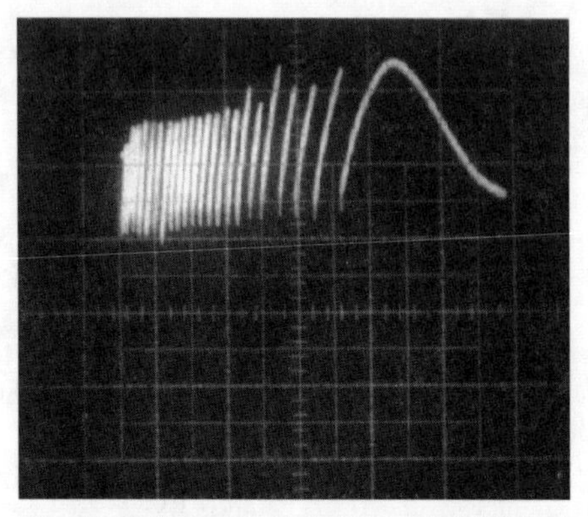

Burstimpuls, wenn K1 oder K2 geöffnet werden und der Strom durch K3 nicht Null ist

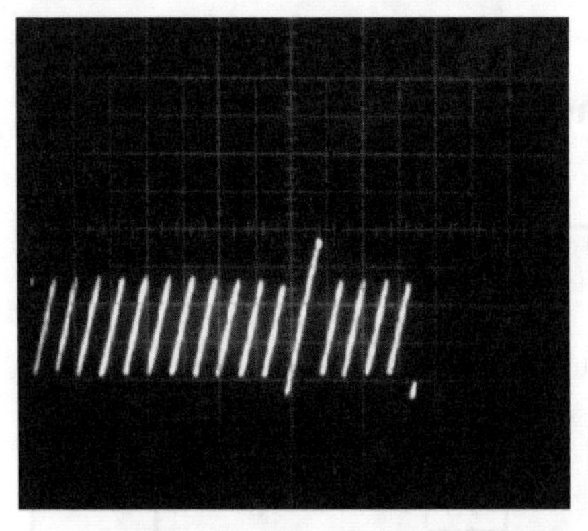

Burstimpuls, wenn der Schalter K1 oder K2 geschlossen wird.

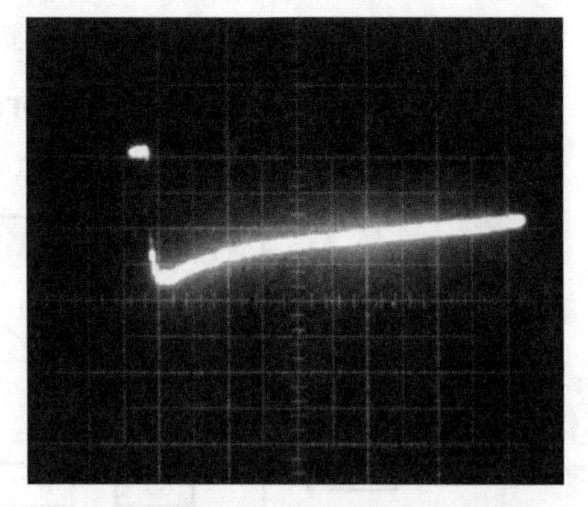

Ein Impuls bei sich öffnendem Schalter K1 oder K2.

2 EMV-Beeinflussungsmodell

Das EMV-Modell setzt sich aus der Störquelle, dem Übertragungsweg und dem gestörten System zusammen. Nachstehend werden diese drei Gruppen speziell für das Phänomen Burst diskutiert und beschrieben.

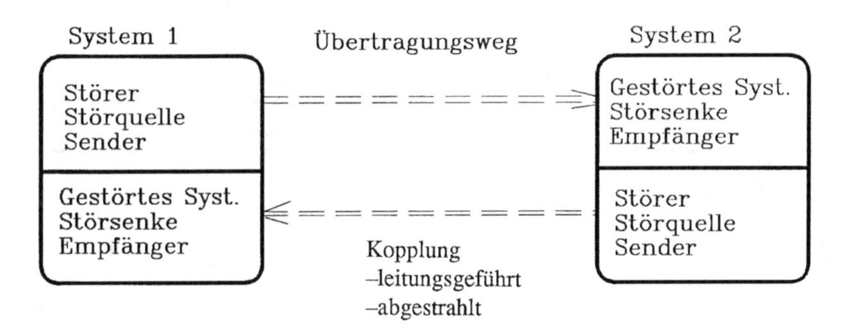

Abb. 2.1 Allgemeines EMV Modell

2.1 Störquellen

Die Burst-Quellen befinden sich in allen elektronischen und elektrischen Schaltkreisen.
Nachstehend ist eine Auswahl von möglichen Schaltelementen aufgeführt, die mit der entsprechenden Schaltung (Last und Quelle) zu Burst-Störern werden können.

a) Elektromechanische Schalter wie: Relais, Netzschalter, Schütze, Vakuumrelais, Quecksilberrelais.
b) Motoren mit Schleifer. Motoren in Haushaltgeräten, Antriebe in der Industrie usw.
c) Schalter in Energieverteilungsanlagen. Lastschalter, Trennschalter, SF6-Schalter, Überschläge.
d) Schutzelemente. Gasableiter, Schutzfunkenstrecken, Sicherungen.
e) Luftdurchschläge. Blitzentladungen, Entladung von statischer Energie bei großen Geräten (Flugzeuge, Helikopter).

2.2 Kopplung der Burst-Störungen

Nicht alle Kopplungsarten sind für die Übertragung der Burststörung von gleicher Bedeutung. Die Burstquelle hat fast immer einen relativ hohen Innenwiderstand und erzeugt schnelle Spannungsänderungen du/dt, die bevorzugt durch die kapazitive Kopplung weitergeleitet werden. In einigen Fällen kann auch die galvanische Kopplung dominieren. Beachte, in Abb. 2.2 ist nur in der Formel für die kapazitive Kopplung der Term du/dt enthalten.

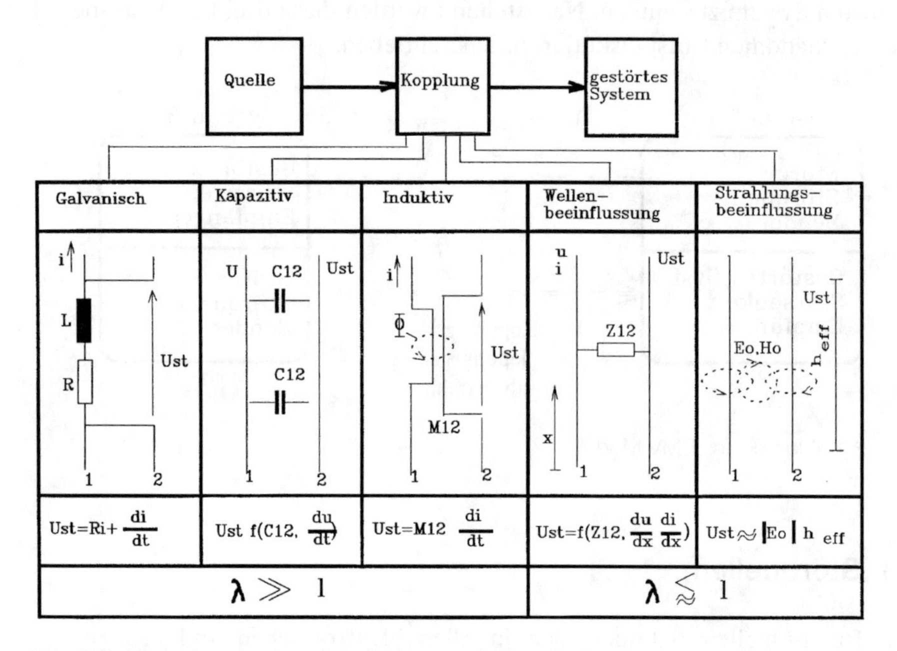

Abb. 2.2 Koppelmechanismen zwischen zwei Stromkreisen

In den überwiegenden Fällen von Burst-Störungen kann die Kopplung über abgestrahlte Felder vernachlässigt werden, da die abgestrahlten Felder, in Funktion des Abstandes zur Störquelle, sehr rasch gedämpft werden. Das elektrische Feld in einem Abstand r von der Störquelle kann als $E = E_0/r^3$ angenommen werden.

Betrachtet man in Abb. 2.3 die Kopplungspfade der Burstimpulse in einem Zweileitersystem 220V (110V) Netz, so erkennt man, daß sich die Störimpulse, die sich ursprünglich zwischen Phase und Nullleiter ausbreiten, nach kurzer Distanz von der Störquelle, infolge der Kapazitäten zwischen den Leitern und der Erdfläche, als gleiche Störungen zwischen Phase und Erde und zwischen

Nulleiter und Erde ausbreiten. Die kapazitive Kopplung ist gegeben durch i = C du/dt, d.h. je größer die Spannungsänderung und die Koppelkapazitäten sind, desto größer wird der Strom durch die Kapazität und desto schneller findet die Umwandlung der Differenzstörung in eine Commonstörung statt.

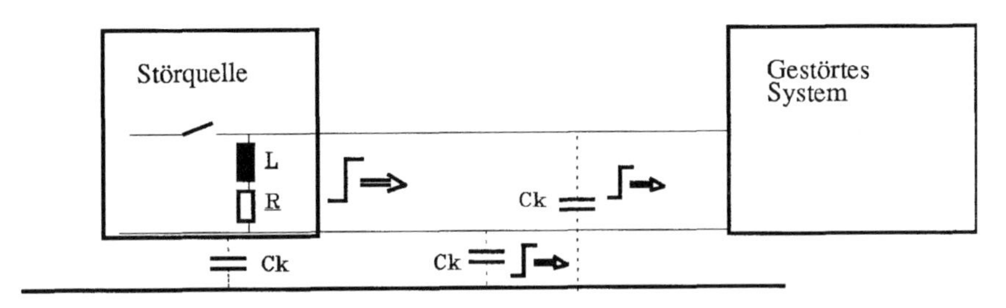

Abb. 2.3 Kopplung der Burst-Impulse im 220V, 110V Netz.

Die schnelle Umwandlung der Differenzstörung in eine Commonstörung begründet, warum in der IEC 801-4 Norm keine Einkopplung zwischen den einzelnen Leitern, sondern immer nur zwischen Leitern und Erde gefordert wird.

2.3 Gestörte Systeme

Alle elektronischen Systeme und Geräte, die an ein Netz angeschlossen werden, wie 110V/60Hz, 230/50Hz, Bordnetze von Autos 12/24V, Flugzeuge 110V/400Hz, Schiffe 110V/40Hz usw. können durch einen Burst betroffen werden. Elektronische und elektrische Systeme werden jedoch nur gestört, wenn der Koppelpfad die Störung von der Störquelle nicht herausfiltert. In Abb. 2.4 ist der Einfluß des Koppelpfades anschaulich dargestellt.

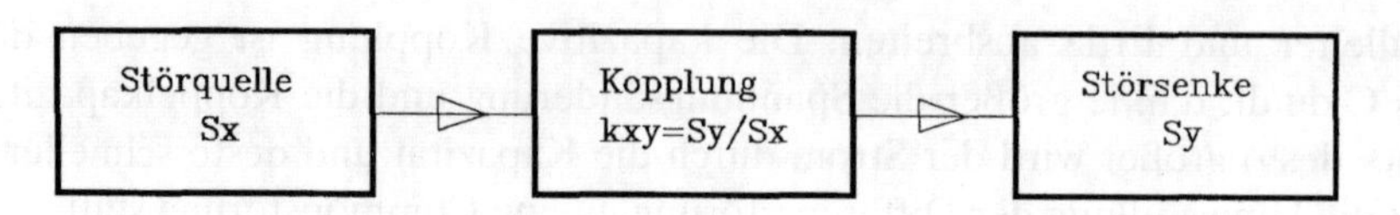

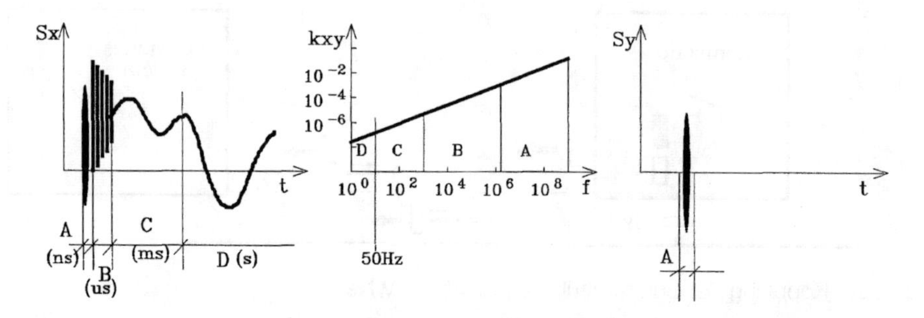

Abb. 2.4 Darstellung des Einflusses des Koppelpfades auf die Störübertragung.

3 Simulation energiearmer ns-Schalttransienten nach IEC 801-4, VDE 0843 Teil 4

3.1 Genormter Generator.

Für die Nachbildung sogenannter „Burst-“ oder „Büschel“-Störungen stand bis 1985 kein geeigneter Generator zur Verfügung. Die vorhandenen Generatoren konnten nur einen steilen Impuls von ungefähr 1–2 kV/ns mit geringer Widerholfrequenz (z.B. 50 Impulse/sec.) erzeugen. Diesem Umstand wurde bei IEC TC 65 Rechnung getragen und ein Normvorschlag wurde ausgearbeitet, der 1988 als Norm veröffentlicht worden ist. Der Generator und das Prüfverfahren sind auch in der VDE-Norm 0843 im Teil 4 beschrieben.

Die mit dem Generator zu erzeugende Impulsform ist entsprechend der Abb. 3.1 festgelegt:

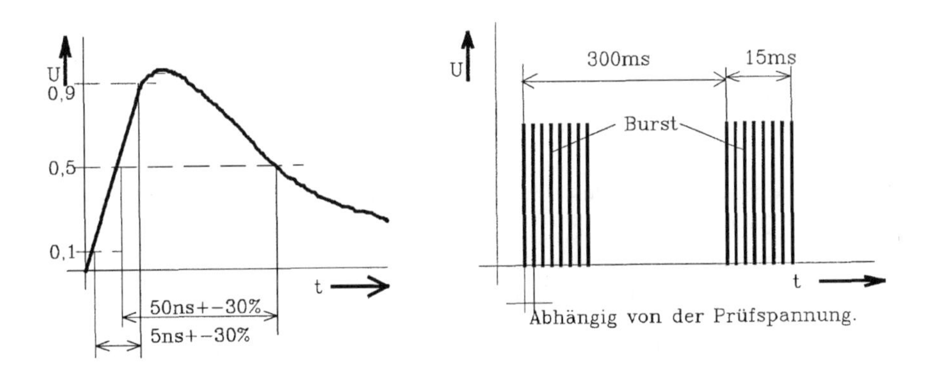

Abb. 3.1 Die Definition der Burst Prüfimpulse nach IEC 801-4
a) Typischer Kurvenverlauf an einer Last von 50 Ohm
b) Gesamtverlauf eines Burst Prüfimpulses

Die wichtigsten technischen Daten des Generators, festgelegt in der IEC 801-4 Norm Ausgabe 1988:

Ausgangspannung U im Leerlauf	250V bis 4kV
Innenwiderstand des Generators	50 Ohm

Daten beim Betreiben mit einem 50 Ohm Abschlußwiderstand:

Anstiegszeit	Ts = 5ns	Auswertung 10/90 %
Halbwertszeit	Tr = 50ns	Auswertung 50/50 %

Eine Überprüfung des Generators, wie in Abb. 3.2 gezeigt, sollte vor jeder größeren Meßreihe vorgenommen werden.

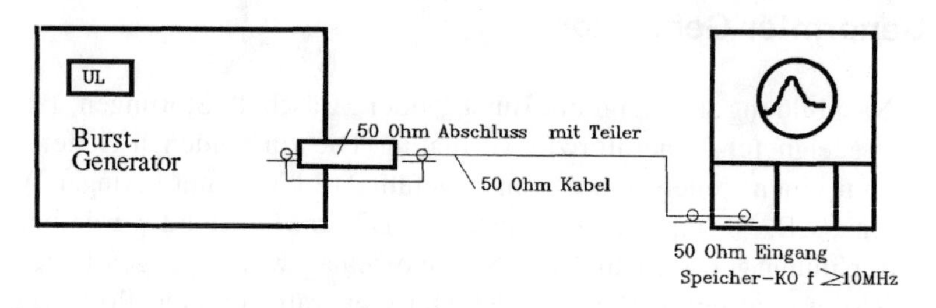

Abb. 3.2 Meßaufbau zur Überprüfung des Burstgenerators

Die Überprüfung muß in der Reihenfolge der Punkte 1 bis 4 vorgenommen werden:

1. Der Abschlußwiderstand inkl. Teiler muß mit einer Sinusspannung von 100kHz bis 100MHz auf 50 Ohm überprüft worden sein, dann gilt:
2. Die Frontzeit 5 ns, Auswertung 10/90 % muß zwischen 3,5 und 6,5 ns liegen.
3. Die Rückenzeit 50 ns, Auswertung 50/50 % muß zwischen 35 und 65 ns liegen.
4. Der Quellenwiderstand des Generators beträgt dann 50 Ohm, wenn UL/Uout = 2 ist.
   UL= Ladespannung am Stoßkondensator gemessen
   Uout = Ausgangsspannung auf 50 Ohm

Nur wer die Daten des Generators überprüft hat, kann mit einiger Sicherheit sagen, daß die Prüfresultate brauchbar und korrekt sind.

3.2 Kopplung und Prüfaufbau

Die Normen versuchen die Prüfanordnung und die Einkopplung der Störsignale möglichst exakt zu beschreiben, um eine große Reproduzierbarkeit der Prüfergebnisse zu erzielen. Generell wird zwischen zwei Einkopplungen unterschieden:

a) Netzleitungen Abb. 3.3, b) Signalleitungen Abb. 3.4

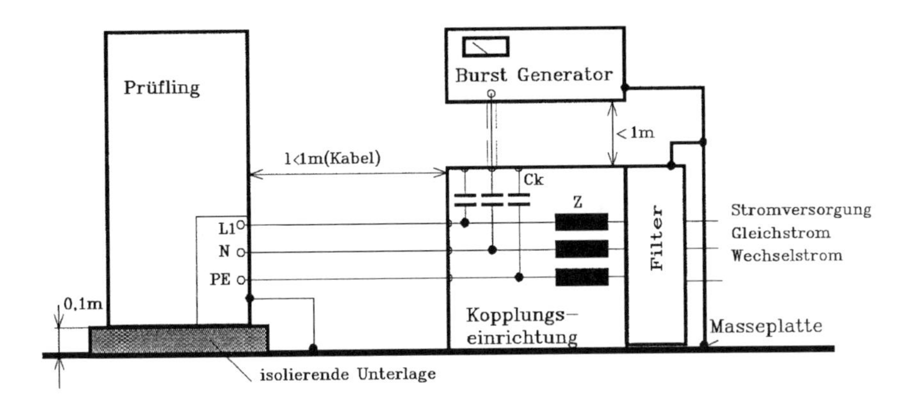

Abb. 3.3 Beispiel eines Meßaufbaues zur direkten Einkopplung in Netzleitungen
Ck = Koppelkondensatoren, Z = Entkopplungsinduktivitäten

Die Kopplungseinrichtung enthält für jede Leitung einen Koppelkondensator Ck = 33 nF und zur Entkopplung gegen das Versorgungsnetz ein Filter.

Die kapazitive Koppelstrecke (Länge 1 m) hat für die im Burst enthaltenen Frequenzen eine ausreichende Koppelkapazität ca 100 pF und bildet eine parallel liegende, störbehaftete Leitung nach.

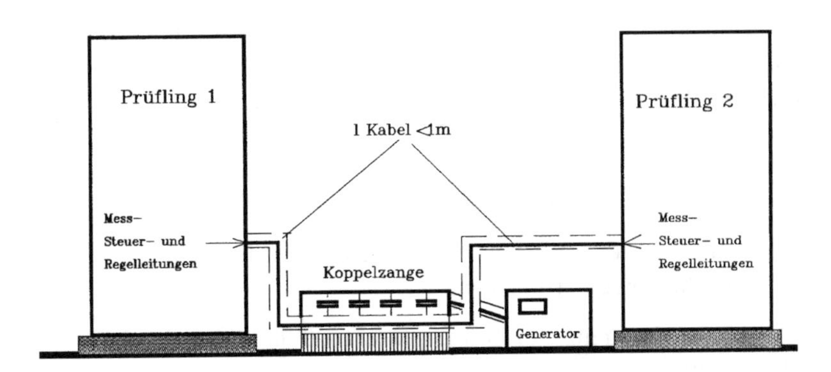

Abb. 3.4 Beispiel eines Meßaufbaues zur Einkopplung in Signal- und Meßleitungen mit der kapazitiven Koppelzange.

In den beiden Abb. 3.3 und 3.4 wurden bewußt nur große Prüfobjekte gewählt, die auf dem Boden stehen, da im Abschnitt 7 „Hinweise zu praktischen Prüfungen“ Beispiele für Meßaufbauten auf Labortischen enthalten sind.

3.3 Anforderungen an die Prüfmittel

Grundsätzlich muß zwischen zwei Anwendergruppen unterschieden werden:

Entwicklung und Qualitätssicherung.

Prüfmittel für die Qualitätssicherung:

1. Die erzeugten Schalttransienten müssen möglichst reproduzierbar sein.
2. Das Prüfgerät muß integrierte Meßmöglichkeiten besitzen, womit das Gerät im Leerlauf, oder auf eine definierte Last vom Anwender überprüfbar wird. Der Aufbau von kundeneigenen Meßkreisen sollte dem Prüfer nicht zugemutet werden, da je nach verwendeten Meßeinrichtungen die verschiedensten Meßergebnisse erzielt werden können. Insbesondere bei Frequenzanteilen im Bereich von größer 100 MHz wird die Messung bei Einzelimpulsen problematisch.
3. Die Auslösung der Störimpulse sollte extern ansteuerbar sein. Es ist oft interessant und äußerst bedeutsam, die Störung zu einem besonderen Zeitpunkt im Prüfablauf zu haben.
   Beispiel: Störungen in Kritischen Softwaresequenzen
   Störungen während Regelabläufen
   Störungen synchronisiert mit der Netzfrequenz oder wenn Eingänge oder Ausgänge hoch oder tief sind.
4. Die Polarität der Transienten positiv oder negativ muß wählbar sein.
5. Zum Gerät gehören auch definierte Abschlußimpedanzen von 50 Ohm, damit das Prüfsystem mit Hilfe der 50 Ohm Impedanz nach IEC 801-4 überprüfbar ist.

Prüfmittel für die Entwicklungsabteilung:

Für die Überprüfung der elektronischen Systeme im Entwicklungsstadium sollten folgende Bedingungen erfüllt sein:

1. Die Repetitionsfrequenz der Störimpulse muß im Bereich Hz bis einige 100 kHz wählbar sein.
2. Die Prüfspannungen müssen für den Entwickler variabel einstellbar sein, damit die genaue Störfestigkeit des Prüflings und somit EMV-Verbesserungen oder Verschlechterungen erfaßt werden können.

3. Ausführliche Dokumentationen der Störgrößen, die der Generator erzeugt, sowie der Koppel- und Filterglieder müssen vorliegen, d.h. das Amplitudendichtespektrum der Störgröße, der Dämpfungsverlauf der Koppelstrecke und des Filters.
4. Der Generator muß höhere Spannungen als 4 kV, z.B. 8 kV erzeugen können.

Weitere Forderungen an einen modernen Generator:

- Schnittstellenanschluß RS232 und IEEE 488
- Prüfprogramme müssen auf den Prüfling zugeschnitten abgespeichert werden können.
- Automatische Prüfungen müssen, im Hinblick auf die Erfüllung der Generic Standards EG 92-95, möglich sein, damit der zu erwartende Anfall von Prüfungen zeitlich und kostenmäßig erfüllt werden kann.
- Automatische Frequenzdurchstimmung
- Automatische Spannungsrampen fahren
- Prüfprotokolle ausdrucken
- Synchronisierung eines Burst auf eine kritische Sequenz eines Prüflings oder auf die Netzspannung.

4 Prüfung nach IEC 801-4 oder VDE 0843 Teil 4

Je nach den Umgebungsklassen sollten die Prüfschärfegrade und die Prüfspannungen gewählt werden. In der VDE 0843 Teil 4 sind die Umgebungsklassen, wie nachstehend aufgeführt, definiert.

4.1 Umgebungsklassen

Klasse 1 Gut geschützte Umgebung

Die Installation wird durch die folgenden Merkmale charakterisiert:

- Unterdrückung aller Impulsstörgrößen durch Schaltvorgänge in Steuerkreisen.
- Trennung zwischen Stromversorgungsleitungen (Wechselstrom und Gleichstrom), Steuer- und Meßleitungen, die von einer Umgebung mit höherem Störniveau kommen.
- Geschirmte Stromversorgungskabel, deren Schirme an beiden Enden an der Bezugsmasse der Installation verbunden sind, sowie Schutz der Stromversorgung durch Filter.

Bei der Typenprüfung beschränkt sich die Prüfung auf die Stromversorgungsanschlüsse und bei der Prüfung am Aufstellungsort auf die Erdanschlüsse bzw. das Gerätegehäuse.

Typische Beispiele für diese Umgebung sind Rechnerräume.

Klasse 2 Geschützte Umgebung

Die Installation wird durch die folgenden Merkmale charakterisiert:

- Teilweise Unterdrückung von Impulsstörgrößen in Steuerkreisen, Schaltvorgänge nur von Relais (keine Schütze)
- Trennung aller Schaltkreise von solchen, die zu einer Umgebung mit höherem Störniveau gehören.
- Räumliche Trennung ungeschirmter Stromversorgungs- und Steuerleitungen von Signal und Fernmeldeleitungen.

Typische Beispiele für diese Umgebung sind Meßwarten oder Terminalräume in Industrieanlagen und Kraftwerken.

Klasse 3 Typische industrielle Umgebung

Die Installation wird durch die folgenden Merkmale charakterisiert:

- Keine Unterdrückung von Impulsstörgrößen in Steuerkreisen, die durch Relais geschaltet werden (keine Schütze)
- Nur geringe Trennung der Schaltungen von solchen, die zu einer Umgebung mit höherem Störniveau gehören.
- Getrennte Kabel für Stromversorgungs-, Steuer-, Signal- und Fernmeldeleitungen.
- Geringe Trennung zwischen Stromversorgungs-, Signal-, Steuer- und Fernmeldeleitungen.
- Verfügbarkeit eines Erdungssystem durch Rohrleitungen, Erdleitungen in den Kabelschächten (angeschlossen an das Schutzerdungssystem) und durch eine allgemeine Bezugsmasse.

Typisch hierfür sind Einrichtungen der industriellen Prozeßtechnik, der Kraftwerke, und Relaisräume in den Freiluft-Hochspannungs-Unterstationen.

Klasse 4 Industrielle Umgebung mit erhöhtem Störpegel.

Die Installation wird durch die folgenden Merkmale charakterisiert:

- Keine Unterdrückung von Impulsstörgrößen in den Steuer- und Stromversorgungskreisen, die durch Relais und Schütze geschaltet werden.
- Nur geringe Trennung der Schaltungen von solchen, die zu einer Umgebung mit erhöhtem Störniveau gehören.
- Keine Trennung zwischen Stromversorgung-, Steuer-, Signal und Fernmeldekabeln.
- Verwendung mehradriger Kabel gemeinsam für Steuer- und Signalleitungen

Typisch für solche Umgebung sind Einrichtungen der industriellen Prozeßtechnik im Außenbereich von Industrie- und Kraftwerksanlagen, wo keine besonderen Installationen vorgesehen sind, Freiluft- und druckgasgekapselte Hochspannungsschaltanlagen bis 550 kV Betriebsspannung (mit eigenen Installationsrichtlinien).

Klasse 5 Sonderklasse

Eine geringere oder stärkere elektromagnetische Trennung der Störquelle von Geräten, Schaltungen, Kabeln, Leitungen usw. und die Installationsqualität können die Auswahl einer höheren oder niedrigen als die oben angegebenen Umgebungsklassen erforderlich machen. Es soll darauf hingewiesen werden, daß dabei Leitungen mit einem höheren Störpegel durch eine Umgebung mit niedrigem Störpegel laufen können.

4.2 Prüfschärfegrade

Die Prüfschärfegrade in der Tabelle 4.1 sind den Umgebungsklassen zugeordnet, die im Abschnitt 4.1 beschrieben sind.

Tabelle 4.1 Prüfschärfegrade nach IEC 801-4

Schärfegrad	Prüfspannungen +- 10% auf Stromversorgung	auf E/A-, Signal-, Daten-, und Steuerleitungen.	Wiederholfrequenz der Impulse
1	0,5kV	0,25Kv	5kHz
2	1 kV	0,5 kV	5kHz
3	2 kV	1 kV	5kHz
4	4 kV	2 kV	2,5kHz
x	Spezial	Spezial	Spezial

4.3 Fehlerkriterien

Die nachstehend aufgeführten Bewertung der Prüfergebnisse entspricht einer Übersetzung der IEC 801-4. Die Vielfalt und Unterschiedlichkeit der zu prüfenden Betriebsmittel und Anlagen macht die Festlegung von allgemeinen Bewertungskriterien über den Einfluß von Impulsstörgrößen auf Betriebsmittel und Anlagen schwierig.

Die Prüfergebnisse können auf der Grundlage der Einsatzbedingungen und der Festlegung über die Funktion des Prüflings nach folgenden Merkmalen protokolliert werden:

1. Keine Einschränkung des Betriebes oder der Funktion.
2. Zeitweilige Einschränkung des Betriebes oder der Funktion, automatische Wiederherstellung des fehlerfreien Betriebes.

3. Zeitweilige Einschränkung des Betriebes oder der Funktion, wobei zur Wiederherstellung des Betriebes oder der Funktion, ein Wiedereinschalten oder Eingreifen des Bedienerpersonal erforderlich ist.
4. Bleibender Verlust der Funktion aufgrund von Zerstörungen des Betriebsmittels oder seiner Komponenten.

Im Falle von Abnahmeprüfungen sind das Prüfprogramm und die Interpretation der Prüfergebnisse Gegenstand von Vereinbarungen zwischen Herstellern und Anwender.

4.4 Normen, in denen eine Burst-Prüfung vorgeschrieben ist

Nachstehend ist ein Auflistung der Normen gegeben, in denen die EFT-Prüfung verlangt wird. Mit dem PEFT Prüfsystem von Haefely können die EFT Prüfungen aller aufgeführten Normen erfüllt werden.

Basis Normen	IEC	801-4
	IEC	1000-4-4
	VDE	0843 Teil 4
Produkt Normen	FTZ	12TR1
	CCITT	K17 Ausgabe 89
	NAMUR	Ausgabe 1988 Seite 1 bis 14
Generic Normen	CENELEC	EN50 082-1 Ausgabe 92
Normen Übersicht	IEC	77B CO4
	VDE	0846 Teil 11

5 Kompromisse in der Norm 801-4

Generell gilt für alle EMV Prüfungen, eine möglichst realitätsbezoge Simulation der Störquellen durchzuführen, ohne daß die Reproduzierbarkeit der Prüfwerte verringert wird. Dies kann nur mit Generatoren erreicht werden, die den Störer in seinen wichtigsten Parameter reproduzierbar nachbilden.

Nachstehend werden die Abweichungen zwischen dem Störphänomen Burst und der gültigen Norm 801-4 beschrieben.

5.1 Impulsfrequenzen

Die Begründung für den Unterschied Störer und Norm bezüglich der Impulsfrequenz ist bereits in der gegenwärtigen Fassung von IEC 801-4 erwähnt:

Auszug aus der Norm 801-4 Ausgabe 1988 Seite 45
"The actual phenomenon of a burst occurs with repetition rates of the individual pulses from 10 kHz up to 1 MHz. However, extensive investigations have indicated that this relatively high repetition rate is difficult to duplicate with a generator using a fixed adjusted gap. Therefore lower repetition rates have been specified in Subclause 6.1.2"

Dieser Auszug aus der bestehenden 801-4 Norm zeigt, daß nur mangels eines verfügbarem Schalters für den EFT Generator keine höheren Frequenzen verlangt wurden.

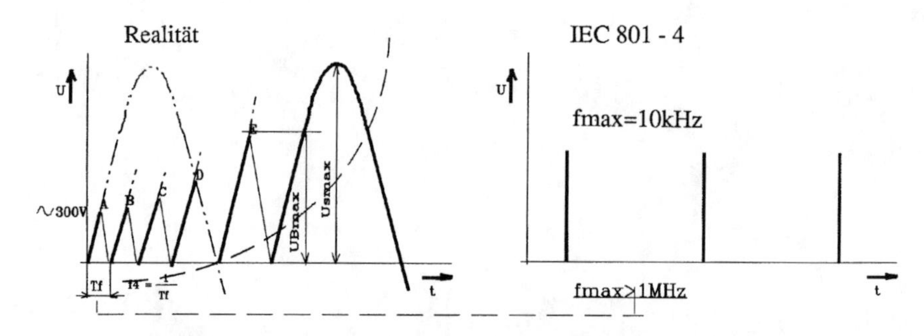

Abb. 5.1 Wiederholfrequenz der Spikes und Kompromiß in der IEC 801-4

Mit der heutigen Technologie im Generatorenbau ist es möglich, die Repetitionsfrequenz bis zu 1 MHz zu erzeugen, wodurch auch die Prüfzeit wesentlich verkürzt werden kann.

Das nachstehende Beispiel zeigt, daß der Kompromiß der reduzierten Frequenz nicht für alle elektronischen Geräte und Systeme akzepiert werden kann.

Beispiel: Prüfung nach IEC 801-4 bestanden. Ausfall im Betrieb

Ein statischer Inverter für dreiphasige Motoren zeigte im Betrieb des öfteren Störungen. Die Kundenreklamationen wurden mit der Begründung zurückgewiesen: „Der statische Inverter wurde nach den Normvorschriften 801-4 mit den höchsten Spannungen und Frequenzen geprüft und hat diese harte Prüfung bestanden. Bei keinem der verschiedenen, vorgeschriebenen Kopplungspfade (L1-E, L2-E. usw.) konnte eine Störung des statischen Inverters beobachtet werden."

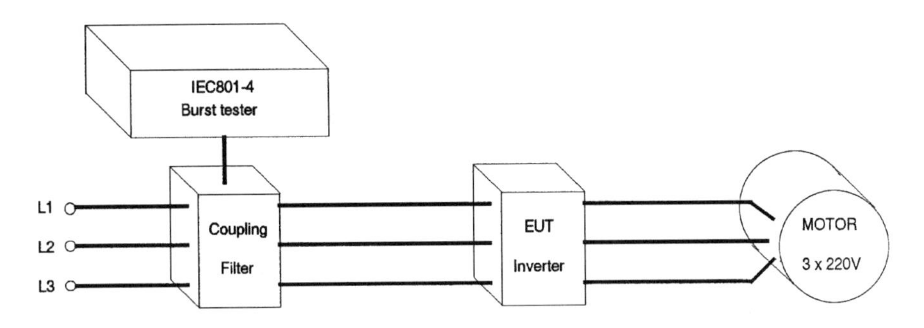

Abb. 5.2 Prüfung nach IEC 801-4. Einkopplungen in das Dreiphasennetz.

Eine weitere Abklärung im Labor, mit einem parallelgeschalteten Motor, auf der Speiseseite des statischen Inverters, ergab die gleiche Störung des statischen Inverters, wie am praktischen Einsatzort. Der Inverter arbeitete für jeweils kurze Zeiten im Kurzschluß. Damit war der Beweis erbracht, daß die EFT-Prüfung mit den höchsten in der IEC 801-4 Norm vorgeschlagenen Spannungen und Frequenzen bei diesem Prüfling nicht ausreichte, um die in der Praxis auftretende Störung zu simulieren.

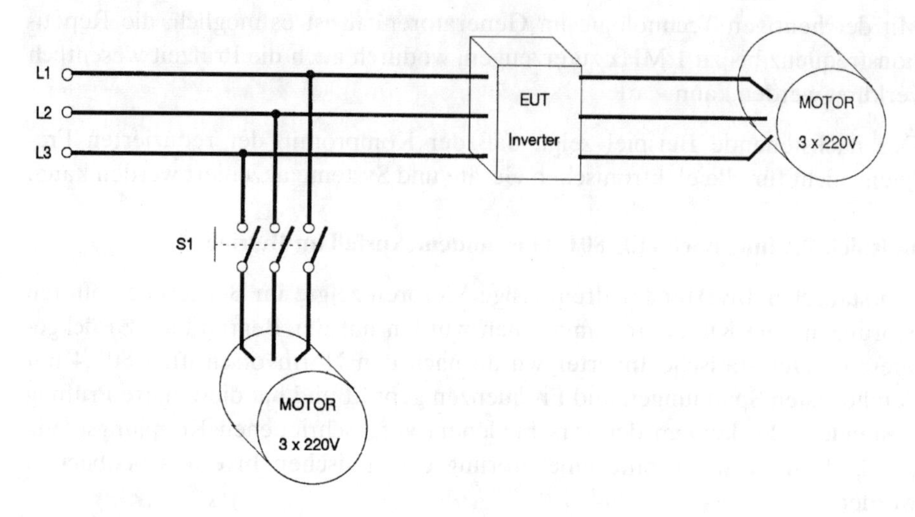

Abb. 5.3 Bei eingeschaltetem Motor wird der Inverter gestört.

Ob höhere Spannungen, höhere Wiederholfrequenzen der Einzelimpulse oder energiereichere Impulse die Störung des Inverters bewirken, konnte jedoch erst mit dem PEFT Generator der Firma Haefely ermittelt werden.

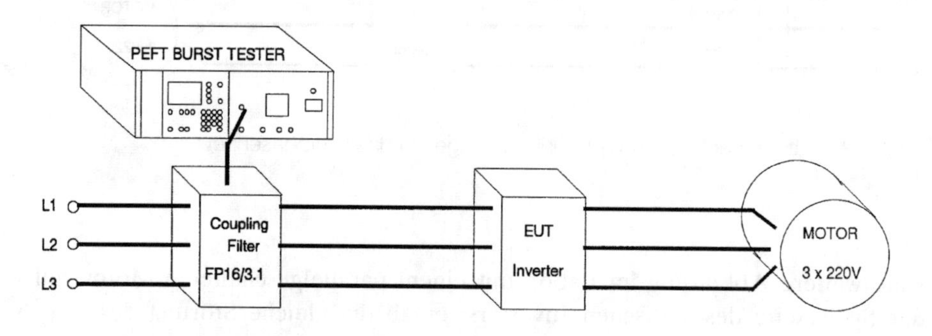

Abb. 5.4 EFT Prüfung mit erhöhter Frequenz

Mit dem *PEFT Generator der Firma Haefely* können Spikefrequenzen bis zu 500 kHz erzeugt werden. Bei einer Spannung von 4 kV wurde die Spikefrequenz linear von 10 kHz bis 100 kHz erhöht. Bei ca. 62 kHz trat die gleiche Störung, wie mit dem parallelgeschalteten Motor auf. Der statische Inverter wurde gestört.

Wie im Kapitel 1 gezeigt wurde, erzeugen die Burst-Störquellen wesentlich höhere Spikefrequenzen, als in der IEC 801-4 Norm vorgeschrieben ist. Viele elektronische Geräte werden erst bei höheren Frequenzen als 5kHz gestört. Wie dieses Beispiel zeigt, sind die Hersteller von Elektronikgeräten und Systemen gut beraten, sich zu überlegen, ob bei ihren elektronischen Geräten eine höhere Spikewiederholfrequenz zu Störungen führen könnte.

5.2 Impulsformdefinitionen, Lastabhängigkeit

Ursprünglich wurde die Impulsform, wie in der IEC 801-4 Vorschrift enthalten, für die Überprüfung der Funktionstüchtigkeit der EFT-Generatoren und für den Vergleich der Generatoren von verschiedenen Herstellern definiert. Bis vor kurzem bestand die Überzeugung, daß bei erfolgreicher Überprüfung der Impulsform auf 50 Ohm mit Generatoren von verschiedenen Herstellern sich die gleichen Prüfergebnissen ergeben würden. Die Praxis zeigt jedoch, daß ganz unterschiedliche Störfestigkeitswerte am gleichen Prüfling mit verschiedenen Generatoren sich ergeben. Vergleichsmessungen an Generatoren von verschiedenen Herstellern zeigen, daß bei unterschiedlichen Belastungen der Generatoren unterschiedliche Impulsformen anstehen. Die Impulsformen weichen sehr stark voneinander ab. Somit kann mit den heute am Markt erhältlichen Generatoren nicht sichergestellt werden, daß sich bei der Störfestigkeitsprüfung die gleichen Meßwerte ergeben.

Bei einer eventuellen Normänderung müßte zusätzlich zu der beschriebenen Überprüfung der Impulsform auf 50 Ohm auch eine Überprüfung der Impulsform auf eine höhere und eine niedrige Last als 50 Ohm vorgenommen werden. Nur mit zusätzlichen, genau definierten Verifikation kann sichergestellt werden, daß die Generatoren der verschiedenen Hersteller die gleiche Quelle darstellen und gleiche Störfestigkeitswerte erzielt werden können.

Heute sind Generatoren mit elektronischen Schaltern und mit Schaltröhren am Markt erhältlich. Ein Generator mit elektronischem Schalter hat den großen Vorteil, daß wesentlich höhere Entladefrequenzen bis gegen 1 MHz erzeugt werden können, ohne eine sichtbare Beschränkung der Lebensdauer. Auch die Impulsformen bleiben in hohem Maße unbeeinflußt von den Umgebungsbedingungen. Dahingegen sind bei Generatoren mit Schaltröhren Grenzen bei der Entladefrequenz und der Lebensdauer feststellbar. Die Schaltung von hohen Spannungen mit einem elektronischen Schalter erfordert eine Serienschaltung von Transistoren, da der einzelne Transistor für max 500 bis 1000 V ausgelegt ist. Durch die Serienschaltung der Transistoren wird der Widerstand „Ron", im geschalteten Zustand und entsprechend der Anzahl in Serien geschalteter Elemente, vergrößert. Bei einem 4-8 kV Schalter liegt dieser Widerstand „Ron“ in einem Bereich von 15 bis 20 Ohm. Wird dieser Widerstand im elektronischen Schalter bei der Dimensionierung der 50 Ohm - Quellenimpedanz des Generators berücksichtigt, so kann ein Generator gebaut werden, dessen Impulsform bei unterschiedlichen Belastungen wie: Leerlauf, 50 Ohm und 1 Ohm Belastung nur unwesentlich voneinander abweichen.

5.3 Spannungsamplituden

Eine Auswertung der Anfragen von Kunden in den letzten Jahren hat ergeben, daß eine erhöhte Spannung bis 8 kV in sehr vielen Fällen verlangt wurde. Dies entspricht auch der Tatsache, daß in der Praxis wesentlich höhere Spannungen als 4 kV auftreten und die vorgeschriebenen 4 kV in der 801-4 Norm für viele Prüflinge nicht ausreichend ist. Insbesondere dem Entwicklungsingenieur sollte ein Generator zur Verfügung stehen mit einer Ausgangsspannung bis zu 8 kV.

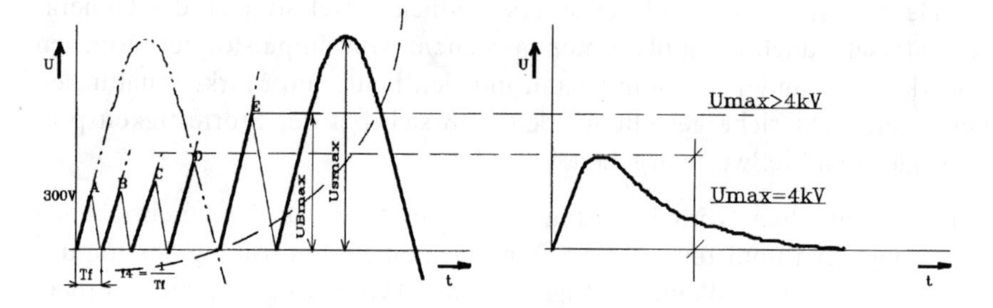

Abb. 5.5 Amplitude des wirklichen Spikes und Kompromiß in der IEC 801-4

5.4 Impulsverteilung

Wie in Abb. 5.6 gezeigt wird, ist die Widerholfrequenz 1/Tf bis 1/Tfx nicht konstant. Im Prüfsimulator muß eine Möglichkeit vorhanden sein, die Spikes mit Hilfe eines Zufallsgenerators zu erzeugen (Random Mode). Damit wird die nicht konstante Repetitionsfrequenz der Spikes, wie in der Realität nachgebildet. Ein wichtiger Vorteil dieser Prüfungsart ist eine wesentlich verkürzte Prüfzeit, insbesondere bei Digitalschaltungen wie PC's konnte eine drastische Reduktion der Zeit bis zum Aufteten des Fehlers in der Praxis beobachtet werden.

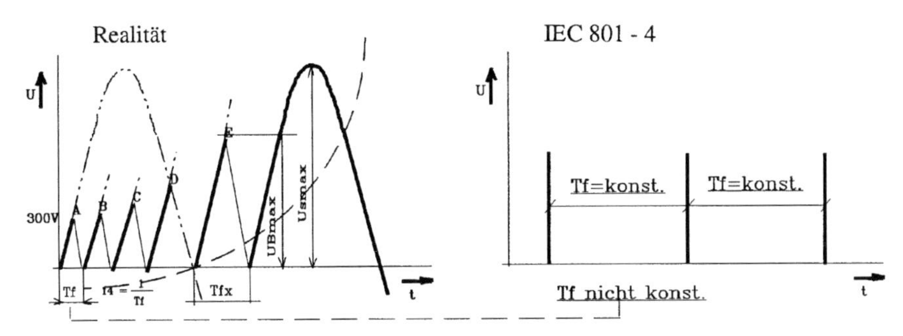

Abb. 5.6 Wiederholfrequenz der Spikes und Kompromiß in der IEC801-4

6 Prüfplan

Ein Prüfplan ist so früh wie möglich durch den Hersteller und Verkäufer, oder durch den Gesamtprojektleiter zu erstellen. Der Prüfplan sollte die folgenden wesentlichen Punkte enthalten:

1. Systembeschreibung

Beschreibung der Systemintegration
Beschreibung der Betriebsaspekte
Innere Umgebungsbedingungen
Umgebungsklassen
Werte von Störmessungen

2. Fehlerkriterien

Siehe Punkt 4.3

3. Prüfablauf

Beschreibung des verwendeten Prüfsystemes wie: Generatoren, Meßgeräte und Koppeleinrichtungen.
Überprüfung des Prüfsystemes entsprechend den Normvorschriften.
Beschreibung des Prüfplatzes mit den Peripheriegeräten mit Skizzen, Zeichnungen und Bilder belegen.
Vorgabe der Prüflevel und der Impulsformen.
Genaue Bezeichnung in welchen Leitungen eingekoppelt werden soll.
Prüfdauer, Repetitionsfrequenz
Polarität der Impulse.

4. Prüfprotokoll

Alle Daten und Beobachtungen sind zu protokollieren.

7 Hinweise zu praktischen Prüfungen

Nur in praktischen Versuchen kann die Komplexität der EMV Prüfung bewußt gemacht werden. Die IEC Norm 801-4, oder in Zukunft auch unter der IEC Nummer 1000-4-4 als Basisnorm erhältlich, beschreibt nur die von dem Burst Phänomen abgeleiteten Prüfanforderungen. Die für die Durchführung der Prüfung notwendigen Informationen über den Prüfling sind in dieser Norm nicht beschrieben. Bei der praktischen Prüfungen treten dann die Fragen auf, wie schütze ich ein Gerät das nicht geprüft werden soll, jedoch für den Betrieb des Prüflings notwendig ist usw.

Unter dem Abschnitt 7.1 sind die Koppelbeispiele aus der IEC 801-4 aufgeführt, die wichtige Informationen für die Prüfaufbauten enthalten. Unter 7.2 finden Sie als Beispiel ein Burst - Prüfprotokoll.

7.1 Hinweise aus der IEC 801-4 Norm

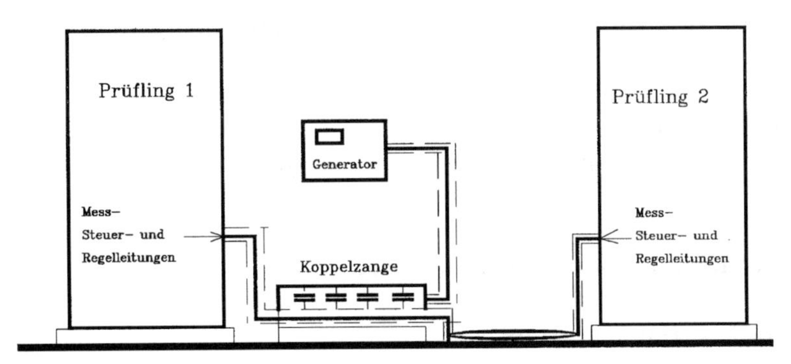

Abb. 7.1 Beispiel, wie ein Gerät für die Burst Störungen entkoppelt werden kann

Wenn der Prüfling 2 nicht mit den Störimpulsen belastet werden soll, so ist einfach das Kabel zwischen der Koppelzange und dem Prüfling 2 zu verlängern und auf die Masseplatte zu legen. Die Störimpulse werden in diesem Aufbau durch die Kapazitäten zwischen dem Kabel und der Masseplatte abgeleitet. Ein Ferritkern, möglichst am Kabelanschluß des Prüflings 2 über das Kabel geschoben, bewirkt eine zusätzliche Dämpfung.

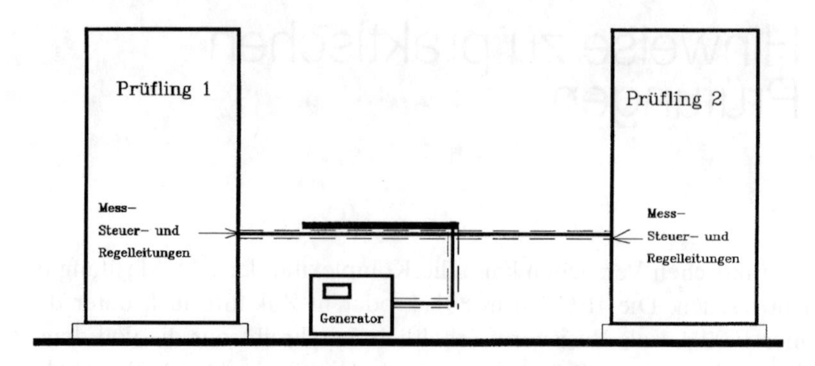

Abb. 7.2 Beispiel einer kapazitiven Einkopplung ohne Koppelzange

Muß eine Störfestigkeitsprüfung im Felde oder vor Ort durchgeführt werden, so hat sich die Koppelzange nach IEC 801-4 als unhandlich und für viele Fälle aus Platzmangel als nicht einsetzbar erwiesen. Da die hochfrequenten Burstimpulse schon bei Kapazitäten von 50 bis 100pF wirksam eingekoppelt werden ist es ausreichend eine Folie parallel, oder ein Kabel satt um die Verbindung des zu prüfenden System zu legen.

7.2 Beispiel eines Prüfablaufes mit Prüfvorlagen

Auf den folgenden Seiten ist eine Protokollvorlage abgebildet, die sich bei den praktischen Versuchen am TAE Seminar in Esslingen bewährt hat. Die Reihenfolge der Versuche entspricht dem Prüfablauf in der Praxis.

Beispiel: Burst-Prüfprotokoll, Prüfvorlage

Electric Fast Transient „Burst“

MATERIALLISTE:

1 PEFT.1	Ln. 096 053.1
1 PHV 41.1	Ln. 096 055.1
1 FP 16/3-1 inkl Kabel	Ln. 093 505.1
1 IP4A Koppelzange inkl Kabel	Ln. 093 506.1
1 Drucker	Ln.

1 Prüflingset bestehend aus:
1 Erdplatte 1x1000x1500mm
1 Netzteil No. 1
1 Anzeigen PMV, PCU No. 1
1 Netzkabel mit Schuko Ln. 093 825.1
1 Datenkabel ungeschirmt
1 Datenkabel geschirmt
1 grün gelb Laborkabel 30 cm zur Erdung des Prüflings

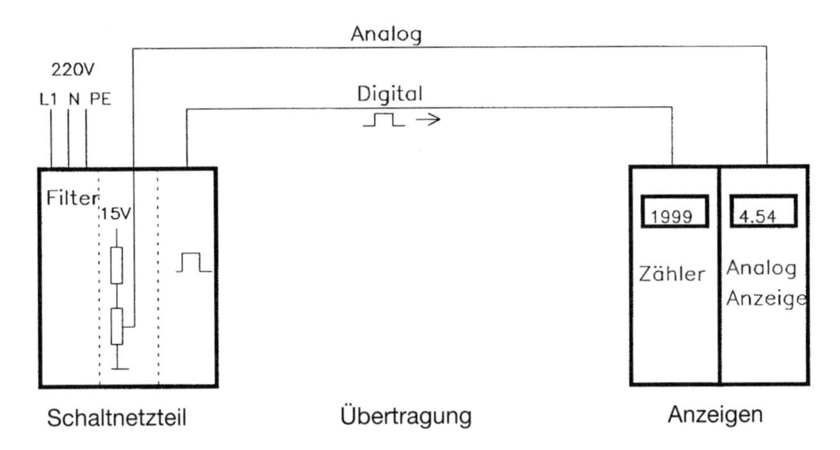

Abb. 7.3 Blockschaltbild Prüfling

Fehlerkriterien: „Prüfung bestanden"

1. Der Wert auf der Zähleranzeige darf sich bei keiner EFT-Prüfung < 2 kV ändern.
2. Der gespeicherte Wert im Impulsmeßgerät darf bei der EFT-Prüfung < 2 kV nicht verändert werden.

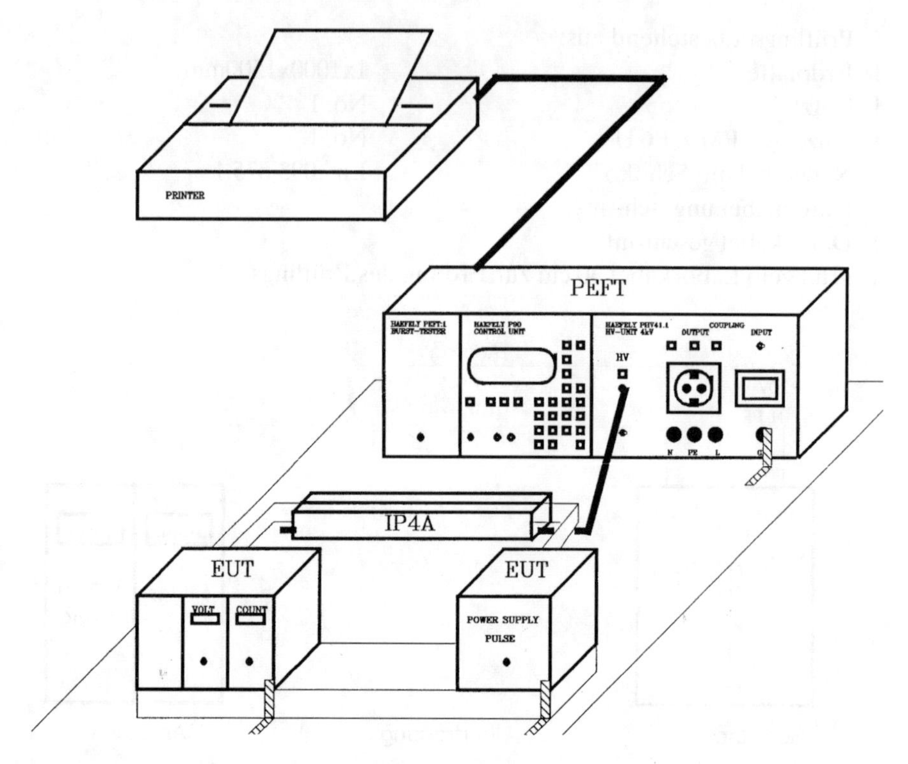

Abb. 7.4 Versuchsgruppe 1. Einkopplung in Signalleitungen

Bei allen Versuchen sind die Fehler entsprechend den Fehlerkriterien auf Seite 1 zu protokollieren.

Versuch 1: Standardprüfung IEC 801-4 „Kontinuierliche Erhöhung der Ladespannung“
Startspannung 250V bis 4kV
Fehler:____

Versuch 2: Kontinuierliche Erhöhung der Spikefrequenzen
Ausgangspannung konstant Uout = 80 % von U-Fehler Versuch 1
Frequenzbereich 1kHz bis 400kHz
Fehler:____

Versuch 3: IEC 801-4 Daten & „Verteilung der Spikes mit Zufallsgenerator“
Ausgangsspannung Uout = 80 % von U-Fehler Versuch 1
Spikefrequenz f = 80 % von f-Fehler Versuch 2
Fehler:____

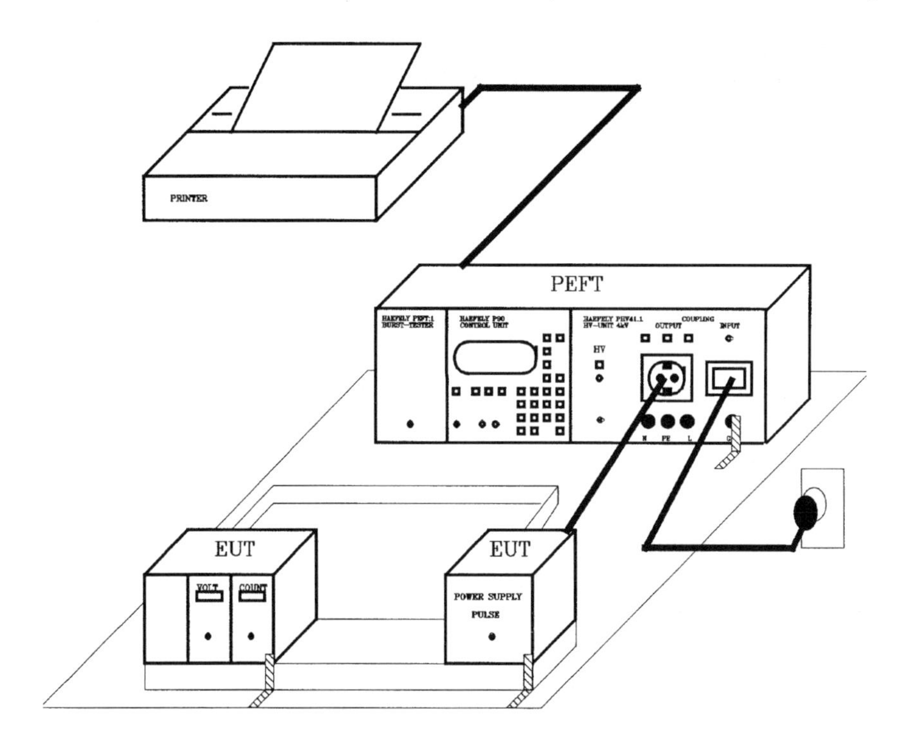

Abb. 7.5 Versuchsgruppe 2. Einkopplung in ein Netz / Speiseleitungen

Bei allen Versuchen sind die Fehler entsprechend den Fehlerkriterien auf Seite 1 zu protokollieren. Bei allen Versuchen am 1-Phasennetz sind alle möglichen Kopplungspfade zu prüfen.

Versuch 4: Standardprüfung IEC 801-4 „Kontinuierliche Erhöhung der Ladespannung“
Startspannung 250V bis 4kV
Fehler:____

Versuch 5: Kontinuierliche Erhöhung der Spikefrequenzen
Ausgangspannung konstant Uout = 80 % von U-Fehler Versuch 4
Frequenzbereich 1 kHz bis 400 kHz
Fehler:____

Versuch 6: IEC 801-4 Daten & „Verteilung der Spikes mit Zufallsgenerator“
Ausgangsspannung Uout = 80 % von U-Fehler Versuch 5
Spikefrequenz f = 80 % von f-Fehler Versuch 5
Fehler:____

8 Schlußfolgerung

Die Burst-Prüfung stellt erhöhte Anforderungen einerseits an den Anwender, anderseits an den Hersteller der Prüfmittel. Auf der Anwenderseite nimmt die Komplexität der zu prüfenden Systeme zu, entsprechend detaillierter werden die Prüfvorschriften und aufwendiger die Prüfaufbauten. Bei der Burst-Prüfung müssen die zu prüfenden Geräte und Systeme im Nennbetrieb arbeiten, die Prozeßimpedanzverhältnissse müssen nachgebildet werden oder die gesamte Peripherie muß aufgebaut und entkoppelt werden.

Um die Burst-Prüfungen durchzuführen zu können, sind sowohl Prüfschärfegrade als auch prüflingsspezifische Angaben und Kenntnisse, wie Aufstellung, Erdung, Betriebsablauf, Programmablauf und nicht zuletzt die zulässigen Auswirkungen festzulegen. So ist z.B. eine Abweichung eines Analogsignales innerhalb des Toleranzbandes sicher eher zulässig oder tolerierbar, als die Verfälschung nur eines einzigen Bits in einem Speicher oder bei bei einer Informationsübertragung.

Die Hersteller von Elektronikgeräten und Systemen sind gut beraten, sich zu überlegen, ob bei ihren elektronischen Geräten höhere Spikewiderholfrequenzen oder höhere Spannungen zu Störungen führen könnten. Bis die relevanten, von dem Basisdokument abgeleiteten Produktenormen geschrieben sind, sollten die Hersteller und Abnehmer von elektronischen Geräten und Systemen selbst Überlegungen anstellen, ob Prüfungen mit höheren Frequenzen und Spannungen notwendig sind.

Burstquellen wie: Motoren, Relais, Schütze und andere mechanische Schalter befinden sich überall in dem Energienetz. Bei Ausfällen wird rasch die Produktequalität in Frage gestellt und sehr oft bleibt bei Ausfällen etwas am Namen der Firma hängen.

Im Kapitel „Ermittlung der Störfestigkeit gegen energiereiche ms-Impulse“ wird der energiereiche Teil der Burst-Störungen mitbehandelt. Eine Zweiteilung des Burst-Phänomens in einen energiearmen, hochfrequenten und einen energiereichen, niederfrequenten Teil ist aus der Sicht des Generatorherstellers und des Prüfanwenders sinnvoll, da sofort die Informationen zur Verfügung stehen in welchem Frequenzbereich der Prüfling gestört wird.

8.1 Literatur

[1] E. Keith Howell: How Switches Produce Electrical Noise
IEEE Transactions on Electro Magnetic
Interference Vol. EMC 21 No3. Aug.79

[2] A. Rodewald: M. Lutz Interference generated by Switching
Operations and its Simulation
EMC Symposium Tokyo 1984

[3] G. Balzer: Beeinflussung von Anlagen und Geräte
der Meß-, Steuer- und Regeltechnik
durch Funk und andere Geräte.
Siemens AG Karlsruhe

[4] IEC 801-4 Ausgabe 1988

[5] VDE 0843 Teil 4

[6] VDE 0846 Teil 11

[7] FTZ 12TR 1

[8] Namur Empfehlung Februar 1988 Seite 1 bis 14

[9] ISO/DIS 7637-1 12V Versorgung
7637-2 24V Versorgung

[10] M. Lutz Übersicht über die Simulation von transienten
Impulsen für die EMV-Prüfung.

[11] M. Lutz Ermittlung der Störfestigkeit von Elektronik-Geräten
gegen elektrostatische Personenentladung.

[12] M. Lutz Ermittlung der Störfestigkeit gegen energiereiche
µs-Impulse (Surge) mit dem CWG Combination-
Wave-Generator

8.2 Einige Definitionen

EMV	Elektro-Magnetische Verträglichkeit
EFT	Electric-Fast-Transient oder Burst
CWG	Combination-Wave-Generator
IEC	International Electrotechnical Commission
VDE	Verband Deutscher Elektrotechniker
CENELEC	European Committee for Electrotechnical Standardisation
SEV	Schweizerischer Elektrotechnischer Verein

Teil 4

Martin Lutz

Ermittlung der Störfestigkeit gegen energiereiche µs-Impulse

(Surge) mit dem CWG **C**ombination-**W**ave-**G**enerator

Einführung

Täglich „blitzt“ es weltweit ca. 8 Millionen mal aus ca. 44.000 Gewitterzentren. Das sind mindestens 100 Entladungen pro Sekunde. Die Meßsensoren und die Registriergeräte in Flugzeugen erfassen ca. alle 1000 Flugstunden eine Blitzeinwirkung.

Produktegestaltung und Produktefertigung sind in vielen Industriezweigen vom Einsatz moderner Elektronik abhängig. Zu den häufigsten Ausfallursachen an den hochwertigen Anlagen zählen Überspannungen, verursacht durch Schalthandlungen in den Anlagen oder durch atmosphärische Entladungen, also Blitzeinwirkungen. Mit jeder veröffentlichten Panne von elektrischen Systemen wird das Vertrauen der Gesellschaft in die Technik geschmälert. Speziell die Ingenieure sind aufgerufen, den Ruf der Technik durch Anwendung aller zur Verfügung stehenden Mittel zu verbessern.

Da Mikroprozessoren und C-MOS-Schaltungen nicht nur auf kleinste Nutzsignale, sondern auch auf kleinste Störsignale reagieren, können Überspannungen von nur wenigen Volt, selbst wenn diese nur einige Mikro- oder Nanosekunden anstehen, nicht nur Schaden an der Hardware, sondern auch folgenschwere Betriebsunterbrechungen verursachen.

Die elektronischen Datenverarbeitungsanlagen oder Meß-, Steuer- und Regelanlagen erstrecken sich meist über den gesamten Betrieb und häufig über mehrere Gebäude, die mit metallischen Leitern verschiedenster Ausführungen miteinander verbunden sind. Terminals in jedem Büro oder die automatische Betriebsdatenerfassung an den Produktionsmaschinen mögen hier als Stichworte genügen. Es gibt viele Möglichkeiten, Überspannungen auf die Anlage zu übertragen, denn praktisch wirkt das weitläufige Leitungsnetz wie eine Antenne.

Der vorliegende Aufsatz gibt einen Überblick über die energiereichen Störimpulse, deren Wirkungsparameter und der Simulation, wie in verschiedenen Normen beschrieben.

1 Energiereicher µs-Impuls „Surge“

Bevor die energiereichen Impulse „Surge“, die bevorzugten Koppelpfade und die Einwirkungen in ein elektronisches System behandelt werden, ist unter 1.1 eine Zusammenstellung über, die in den früheren Kapiteln beschriebenen Generatoren ESD, Burst und dem Surge Generator, gegeben.

1.1 Wie unterscheiden sich ESD, BURST und SURGE?

Die Tabelle 1.1 zeigt, daß sich die drei Prüfungen im wesentlichen bezüglich Energie, oberer Grenzfrequenz und der Wiederholrate unterscheiden.

Bei der Anwendung der Generatoren an Prüfobjekten wird zwischen ESD und den beiden anderen Prüfungen unterschieden. Die Burst und Surge Impulse werden vorwiegend in Leitungen eingekoppelt, die ESD Entladung vorwiegend auf von Personen berührbare Bedingungselemente oder Metallteile angewendet.

Tabelle 1.1 Gegenüberstellung der Merkmale der drei wichtigsten normierten Impulsprüfungen

Merkmale	statische Entladung	Schaltvorgänge	Blitz
	„ESD“	„Burst“	„Surge“
Spannung U	bis 15 kV	bis 4 kV	bis 6 kV
Energie bei U	kleiner 10 mJ	300 mJ	300 J
Wiederhol-frequenz	Einzelstöße	Mehrfachimpulse 5 kHz	max 6 Stöße/Min
Anwendung Prüfobjekte	von Personen berührbare Metallteile	Netz-, Signal-, Meß- und Datenleitungen.	Netz-, Signal-, Meß- und Datenleitungen.
Frequenzanteil fmax	ca. 600 MHz	ca. 100 MHz	ca. 350 kHz

1.2 Schadenstatistik EMV

Die Aufteilung in Abb. 1.1 ergibt als zweitgrößten Kuchenteil (25 %) die Überspannungen, wobei hier nicht unterschieden werden kann, welchen Anteil durch ESD, Burst oder Surge entstanden ist. In Zukunft wird eine Unterscheidung zumindest zwischen Blitz, „Surge" und ESD, BURST möglich sein. In Deutschland, der Schweiz und in Frankreich wurden Blitzregistriergeräte installiert, die permanent den Luftraum überwachen und Ort und Zeit eines jeden Blitzschlages registrieren.

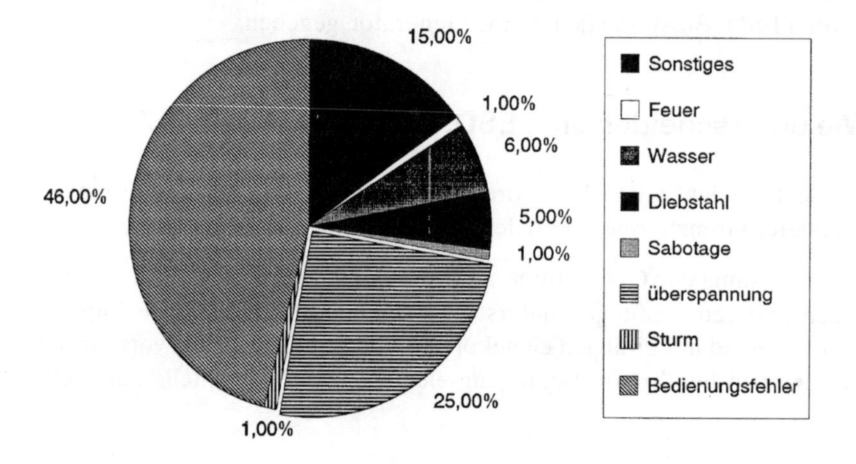

Abb. 1.1 Aufteilung der Schadensumme an elektronischen Geräten und Systemen

Betrachtet man Schadenstatistiken von Versicherungen über die letzten 5 Jahre, so ist eine starke Zunahme der Schadensumme durch Einwirkungen von Blitzen und Schalthandlungen bei elektrischen und elektronischen Einrichtungen festzustellen.

Mit Hilfe der Informationen von den installierten neuen Blitzregistriergeräten, der Installation von Blitzschutz und der Aufklärung der Ingenieure sollte die Schadensumme verursacht durch Überspannungen in Zukunft gebremst oder sogar reduziert werden können.

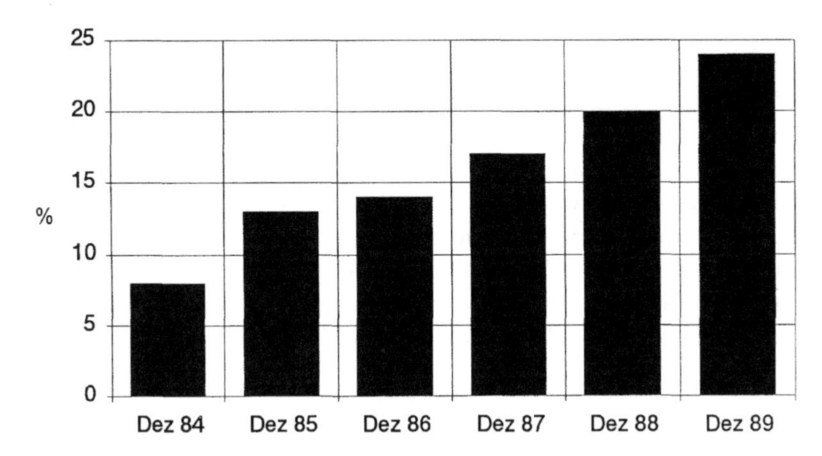

Abb. 1.2 Schadenstatistik Überspannungen

1.4 Auswahl von Zeitungsartikeln

Einige nachstehende Zeitungsausschnitte aus Fachzeitschriften wie auch aus Tageszeitungen belegen, daß heute viele Systeme durch die Einwirkung von Blitzen gestört werden. Darunter finden wir Einrichtungen, die wir alle tagtäglich einsetzen oder nutzen.

Beispiel 1

Schadensbericht: Gering Institut für Schadensforschung und Schadensverhütung

Bei einem Sommergewitter schlug nachts ein Blitz in das Gebäude eines Unternehmers ein. Der äußere Blitzschutz konnte nicht verhindern, daß die elektronische Datenverarbeitungsanlage, mehr als 110 Terminals, über 25 Drucker und 25 Plotter neben Schreibautomaten, der Einbruchmelde- und Brandmeldeanlage sowie andere elektronische Systeme beschädigt wurden. Allein der Sachschaden erreichte eine Summe von 400 000 DM; unberücksichtigt blieb der Schaden, der dem Unternehmen durch den Betriebsausfall entstand. Die Reparaturzeit dauerte in Teilbereichen länger als 14 Tage.

Beispiel 2

DRS Blitzwellen

Basel. im. Sanft wiegt normalerweise das Musikprogramm „Noturno“ von Radio DRS die Schlaflosen in die Träume, doch in der Nacht vom Sonntag auf den Montag „schlug“ der Blitz eine Panne ins Programm des Basler Studios auf dem Bruderholz – Die Ein-Uhr-Nachrichten fielen und einige Geräte stiegen aus. Der Grund für diese Störungen waren elektromagnetische Felder, die durch Blitzeinwirkungen aus der Umgebung verursacht wurden.

BAZ 1988

Beispiel 3

Blitz beeinträchtigt KKW Mühleberg

sda. Der Reaktor des Kernkraftwerkes Mühleberg (KKM) ist am Sonntag abend während fast anderthalb Stunden automatisch auf rund einen Viertel seiner Leistung zurückgefahren, nachdem die beim KKM gelegene Unterstation der Bernischen Kraftwerke AG (BKW) von einem Blitz getroffen worden war. Als Folge des durch den Blitz ausgelösten Stromstoßes im Netz, sind die Schutzeinrichtungen der beiden Transformatoren des KKM ausgelöst worden. Das heißt, daß die Transformatoren unverzüglich vom Netz getrennt worden sind.

BAZ Mai 1988

Beispiel 4

ABER R. Klegler

Ich bin der neue Schweißroboter und seit bald einem Jahr in der Firma tätig. Natürlich gehöre ich zur neuesten Generation, die fünf menschliche Arbeiter ersetzt.
Meine ersten paar Arbeitswochen in der Firma waren die reinsten Ferien. Meistens standen fünf Leute um mich herum und haben versucht, mich zum Arbeiten zu bringen. Und tatsächlich nach vier Wochen war es soweit. Aber dann hat man gestaunt über meine Arbeitswut. Das einzige was ich nicht ausstehen

kann, sind Gewitter. Dann könnte ich aus allen Steckdosen kotzen. Der Betriebselektriker weiß ein Lied davon zu singen. Sonst habe ich immer hart gearbeitet. Erst in letzter Zeit habe ich der Firma etwas Kummer bereitet. Ich hatte meinen schweren Arm ohne Programmierbefehl gedreht und dabei die teure Aufspannvorrichtung gleich weggefegt.

Es gab 30000 Franken Sachschaden. Danach sind die Servicemechaniker gekommen, haben nach dem Hund gesucht und schließlich mein ganzes Gehirn ausgewechselt. Zum Glück bin ich kein Mensch, sondern ein Roboter. Sonst hätte man mich schon längst entlassen. Hätte man mit menschlichen Arbeitskräften ebenso viel Geduld und Verständnis, sähe es in mancher Firma ganz gut aus.

EC Woche Nr 14/1987

Beispiel 5

Notiz im Telefonbuch in Deutschland

Gewitter:
Die Benützung des Telefons bei Gewittern geschieht auf eigene Gefahr.

2 Entstehung der Surge-Impulse

Störvorgänge aufgrund von Blitzeinschlägen, Kurzschlüssen oder Schaltvorgängen ändern zeitlich und örtlich. Eine Beschreibung der Störvorgänge ist daher nur mit statistischen Methoden möglich. Ergebnisse von solchen statistischen Untersuchen sind nachstehend zusammengestellt.

Diese statistischen Ergebnisse bilden auch die Basis für die Festlegung der Impulsformen und der weiteren wichtigen Parameter in den Prüfvorschriften.

2.1 Blitze

Blitzeinwirkungen sind relativ selten und von kurzer Dauer und in vielen Fällen von solcher Intensität, daß in der Elektronik von Automatisierungsanlagen nicht nur vorübergehend Funktionsstörungen auftreten, sondern umfangreiche Zerstörungen angerichtet werden können. In allen industrialisierten Ländern bestehen Gewitterkarten, in denen die Zonen mit unterschiedlicher Gewitterhäufigkeit eingezeichnet sind.

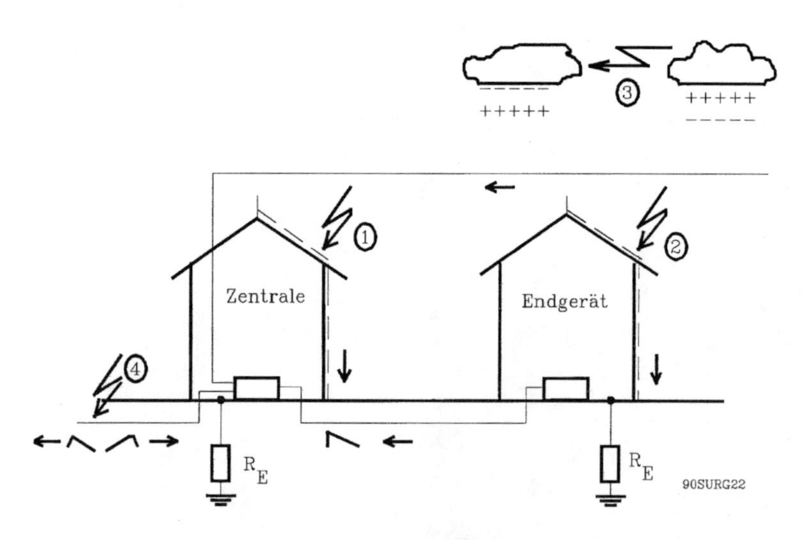

Abb. 2.1 Mögliche Blitzeinwirkungen

Diese Gewitterkarten geben den Entwicklungs- und Systemingenieuren die Information über die Häufigkeit der möglichen Störeinwirkung und damit eine Grundlage für die Dimensionierung der Schutzeinrichtungen.

In bezug auf die Intensität der Blitzeinwirkung und damit auf die Störmöglichkeit, wird grundsätzlich zwischen Direkt- bzw. Naheinschlag und Ferneinschlägen unterschieden. Beim Direkt- (1), (2) oder Naheinschlag (4), trifft der Blitz die Blitzschutzanlage des geschützten Gebäudes oder die Leitungen des Niederspannungs-, des Nachrichten- oder des Datennetzes, die direkt in das geschützte Objekt führen.

Eine weitere Unterscheidung kann zwischen Wolke-Wolke-Blitzen (3) gemacht werden. Bemerkenswert ist bei indirekten Blitzeinwirkungen (3),(4), daß die innerhalb eines bestimmten Betrachtungszeitraumes durch Gewitterüberspannungen entstehenden Schäden in der Summe ein Mehrfaches der durch direkten Blitzeinschlag verursachten betragen.

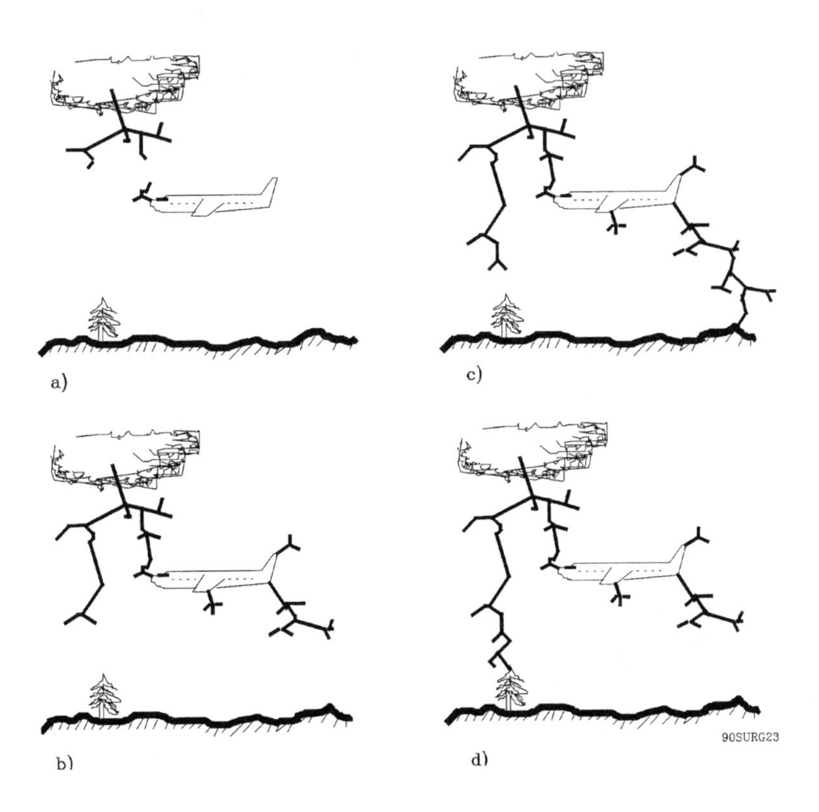

Abb. 2.2 Blitzkanalaufbau am Beispiel eines Flugzeugs

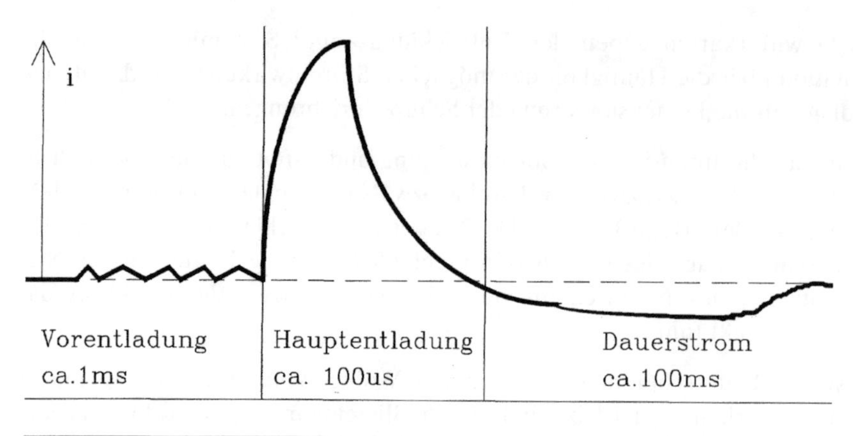

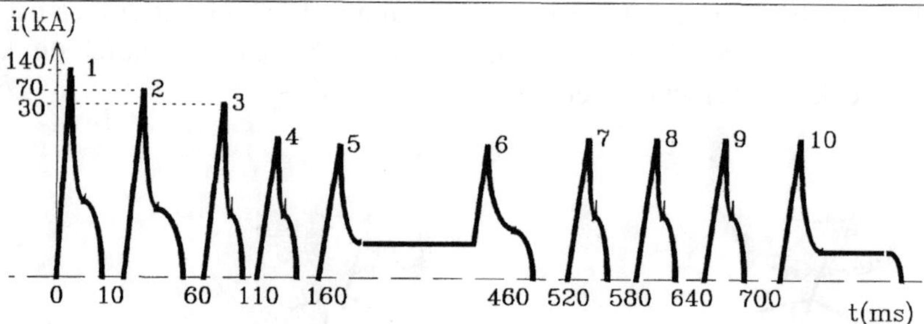

Abb. 2.3 Verschiedene Blitzformen

Der Aufbau des Blitzkanales braucht Zeit. Beobachtungen haben gezeigt, daß der Blitz nicht nur von der Wolke, sondern auch vom betroffenen Objekt wächst. Bei der Blitzmessung werden die Vorentladungen als Stromgezappel vor der Hauptentladung auf dem Oszillographen sichtbar. Der Hauptentladung folgt ein Gleichstrom mit Amplituden bis 1 kA und einer Dauer bis zu 1 Sekunde. In vielen Fällen folgt anstelle des Dauerstromes auch eine weitere Entladung wie in Abb. 2.2 gezeigt. Die erste Entladung erfolgte über das Flugzeug zur Erde (Abb. 2.2 c) und die zweite Entladung direkt von der Wolke in den Baum (Abb. 2.2 d).

Der Blitz besteht nicht nur aus einer Entladung, sondern kann bis zu 20 Entladungen in einer Sekunde enthalten. Die Prüfung der Flugzeugelektronik wird mit sogenannten Mehrfachimpulsen vorgenommen, indem bis zu 24 Einzelimpulse in die Flugzeuge eingeschossen werden.

Aufwendige und zeitintensive Blitzstrommessungen in verschiedenen Ländern durchgeführt lieferten die Werte, die in der folgenden Tabelle 2.1 zusammengefaßt sind.

Tabelle 2.1 Zusammenstellung der Blitzparameter

Anzahl Vorgänge	Parameter	Einheit	Überschreitung der Tabellenwerte		
			95 %	50 %	5 %
	Strom Scheitelwerte				
99	Neg. erste Teilblitze	kA	14	30	80
137	Neg. Folgeblitze	kA	4,6	12	30
28	Pos Blitze (ohne Folgeblitze)	kA	4,6	35	250
	Ladung				
91	Neg. erste Teilblitze	C	1,1	5,2	24
124	Neg. Folgeblitze	C	0,2	1,4	11
88	Neg. Gesamtblitze	C	1,3	7,5	40
26	Pos Blitze	C	20	80	350
	Impuls Ladung				
88	Neg. erste Teilblitze	C	1,1	4,5	20
119	Neg. Folgeblitze	C	0,2	0,9	4
25	Pos Blitze (nur 1. Teilblitz)	C	2,0	16	150
	Frontzeit				
87	Neg. erste Teilblitze	µs	1,8	5,5	18
120	Neg. Folgeblitze	µs	0,2	1,1	4,5
19	Pos Blitze	µs	3,5	22	200
	Steilheit				
90	Neg. erste Teilblitze	kA/µs	5,5	12	18
124	Neg. Folgeblitze	kA/µs	12	40	4,5
21	Pos Blitze	kA/µs	0,2	2,4	200
	Rückenhalbwertszeit				
78	Neg. erste Teilblitze	µs	30	75	200
104	Neg. Folgeblitze	µs	6,5	32	140
16	Pos Blitze	µs	25	230	2000
	Aktionsintegral				
89	Neg. erste Teilblitze	kA^2s			
64	Neg. Folgeblitze	kA^2s			
26	Pos Blitze	kA^2s			
133	Zeitintervall zwischen neg. Teilblitzen	ms	7	33	150
	Dauer des Gesamtblitzes				
92	Negative total	ms	0,1	13	1100
39	Negative (ohne Einfachblitze)	ms	31	180	900
26	Positive	ms	14	850	500

Aus dieser Zusammenstellung läßt sich schließen, daß kein Blitzschutz wirtschaftlich so ausgelegt werden kann, daß eine Beeinflussung von Anlagen gegen direkten Blitzschlag (Stomamplituden bis über 200 kA) verhindert werden kann. Vielmehr wird versucht, die sogenannten Sekundäreffekte oder indirekten Einwirkungen von Blitzentladungen in ihren zerstörenden Wirkung so klein wie möglich zu halten.

Auf zwei Werte in der Tabelle 2.1 sei an dieser Stelle besonders hingewiesen.

Frontzeit
Neg Folgeblitz 50 % Auswertung 1,1 µs

Rückenhalbwertszeit
Neg erster Teilblitze 50 % Auswertung 75 µs
Neg Folgeblitze 50 % Auswertung 32 µs

Der Mittelwert bei der Rückenhalbwertszeit beträgt in etwa 50µs.

Diese Werte können im sogenannten normierten Blitzimpuls 1.2/50 µs wieder gefunden werden. An diesen Werten wird der Zusammenhang zwischen dem normierten Bitzstoß 1,2/50µs und dem Blitzphänomen ersichtlich.

Neben dem Blitz entstehen auch energiereiche Impulse bei Schalthandlungen in Netzen. Zur Unterscheidung zwischen energiereichen Impulsen von Blitz und Schalthandlungen werden die Abkürzungen

LEMP **L**ightning **E**lectro **M**agnetic **P**ulse

SEMP **S**witching **E**lectro **M**agnetic **P**ulse

verwendet.

Grundsätzlich ist jeder Blitz und jeder durch einen Leiter fließende Blitzstrom von transienten elektromagnetischen Feldern LEMP begleitet, die über kapazitive und induktive Kopplungen in Signalstromkreisen Spannungen und Ströme von störender und teilweise zerstörender Wirkung hervorrufen können. Einige Rechenbeispiele zur Bestimmung der blitzbedingten Überspannungen in Niederspannungsanlagen sind unter dem Kapitel 3.2 Kopplung der energiereichen Impulse aufgeführt.

2.2 Schalthandlungen (SEMP)

Elektromagnetische Ausgleichsvorgänge werden in Energieverteilungsanlagen durch Schalthandlungen, Laständerungen und Kurzschlüsse ausgelöst.

Man unterscheidet:

a) Schalten von kapazitiven Lasten in Hochspannungskreisen wie Kabelverbindungen, Kondensatorenbatterien,usw.
b) Schalten von Lasten in Niederspannungssystemen Geräte, Maschinen, Schütze usw.
c) Kurzschlüsse und Überschläge in Energieverteilungsanlagen.
d) Ansprechen von Schutzelementen, wie Gasableiter, Varistoren, Funkenstrecken und Schmelzsicherungen.

Von diesen Störquellen können energiereiche Impulse in Leitungen eingekoppelt werden, die in der Nähe verlegt sind. Ein Beispiel wurde schon im Bericht über die energiearmen, breitbandigen Störungen erwähnt: „der Nachimpuls beim Burstphänomen".

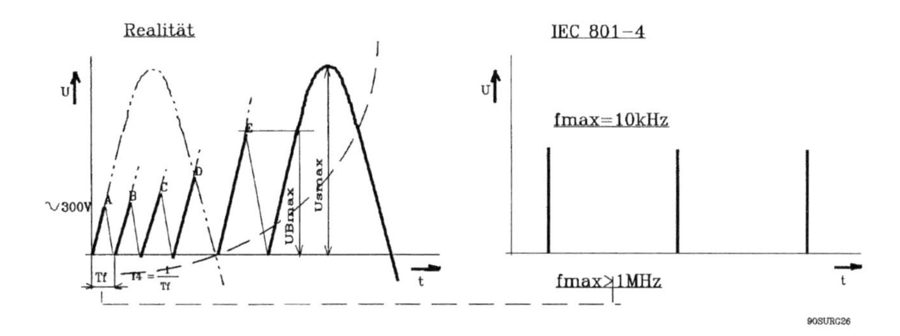

Abb. 2.5 Burst Impuls

3 EMV-Beeinflussungsmodell

Das EMV-Modell setzt sich aus der Störquelle, dem Übertragungsweg und dem gestörten System zusammen. Nachstehend werden diese drei Gruppen speziell für das Phänomen Surge diskutiert und beschrieben.

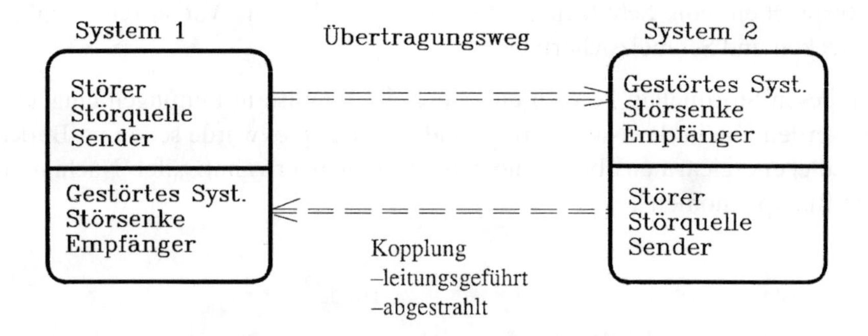

Abb. 3.1 Allgemeines EMV-Modell

3.1 Surge-Störquellen

Nachstehend ist eine Auswahl von möglichen „Surge“-Störquellen aufgeführt:

a) Blitze
b) Ab- oder Zuschalten von Energienetzen mittels verschiedener Hochspannungschalter.
c) Ab- oder Zuschalten von Netzkompensationen (Kondensatorbatterien)
d) Schalten von induktiven Kreisen (Nachimpuls beim Burst)
e) Überschläge in Energieverteilanlagen (Hochspannungsleitungen)
f) Kurzschlüsse
g) Schmelzen von Sicherungen
h) Ansprechen von Schutzelementen
i) Einschaltströme beim Zuschalten von großen Lasten (Motoren, Eisenbahn,usw)

3.2 Kopplung der energiereichen Impulse „Surge“

Für Objekte, die direkt vom Blitz getroffen werden können, wie Flugzeuge, Atomkraftwerke, Sendemaste von Radio- und Fernsehstationen, muß der direkte Blitzeinschlag für die Überprüfung der EMV simuliert werden.

Viele Elektroniksysteme werden nie von einem direkten Blitzeinschag betroffen. Bei diesen Elektronikgeräten oder Systemen sind nur die Ströme und Spannungen, die an den Schnittstellen anliegen, interessant. Durch die Kopplung zwischen dem Blitz als Störquelle und dem elektronischen System wird der ursprüngliche Blitzimpuls verformt. Die vielen Kopplungs- und Netzimpedanzen sind wie das Blitzphänomen selbst nur mit statistischen Methoden beschreibbar. Die Netzwerke und deren Netzimpedanzen sind mit mehr Unsicherheit belastet, als die Erfassung der Störquelle selbst, Stichworte wie: Verschlechterung der Kontaktierung mit zunehmendem Alter, Aufbau von parallelen Strompfaden bei Überschlägen, limitierte Lebenserwartung von Schutzeinrichtungen, usw.

Die energiereichen Störimpulse sind durch den Stromverlauf und der niederohmigen Quellenimpedanz der Störquelle charakterisiert. Überträgt man dies in die Abb. 3.2, so wird ersichtlich daß bei den energiereichen Störimpulsen die induktive und galvanische Kopplung dominiert.

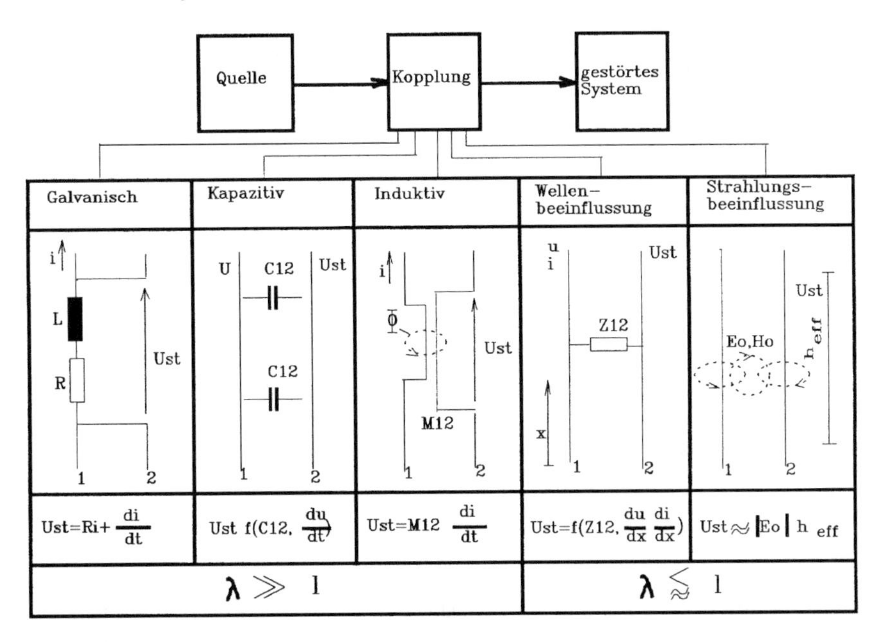

Abb. 3.2 Die verschiedenen Kopplungsarten

3.3 Gestörte Systeme

Die nachstehenden Beispiele aus der Praxis sollen die etwas mehr theoretische Darstellung der Abb. 3.2 der verschiedenen Kopplungsarten veranschaulichen.

Praktisches Beispiel 1 (Induktive Einkopplung)

Der Blitz schlägt in einen Blitzableiter oder der Blitzkanal befindet sich nicht weit entfernt von einem elektrischen System. Aus der Abb. 3.3 kann entnommen werden, daß sowohl im Gebäude als auch außen eine Induktionsschlaufe besteht, in welche Spannungen und Ströme eingekoppelt werden über das Magnetfeld des Stromes.

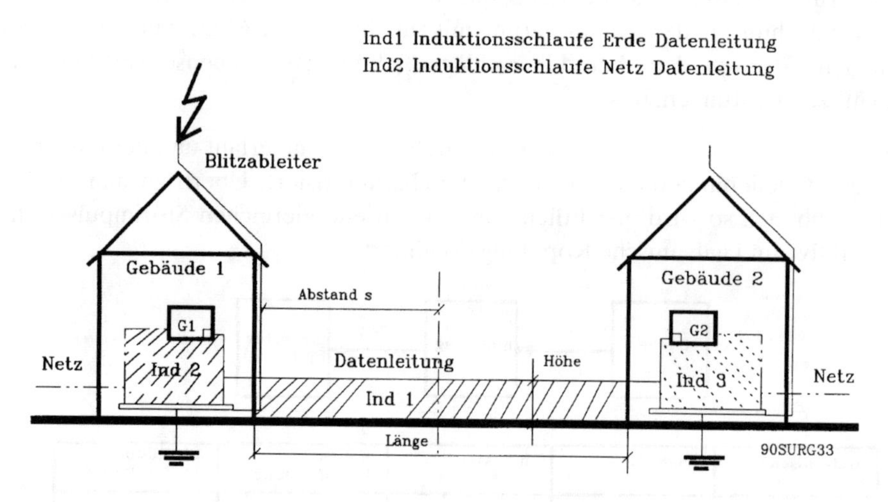

Abb. 3.3 Induktive Kopplung

Einige Berechnungen sollen zeigen, welche Spannungen an offenen Leiterschlaufen, wie Abb. 3.3 zeigt, vorhanden sein können.

Annahme: Blitzstrom: Imax 100 kA di/dt max= 100 kA/µs Abstand s = 10 m

Abmessungen	Höhe (m)	Länge (m)	Umax (V)	Schlaufe
außen	5	5	50.000	Ind 1
Steigleitung innen	2,5	0,003	20	Ind 2
waagrechte Leitung	0,003	10	60 mV	Ind 2

Beispiel 2 (galvanische Kopplung über den Erdwiderstand)

Erdwiderstände von bis zu 0,5 Ohm werden von der Blitzschutzinstallationsverordung zugelassen. Über den verteilten Widerstand von 0,5 Ohm entstehen große Potentialdifferenzen, die sich auch bei einem externen Sensor bemerkbar machen werden. Ist keine Verbindung oder Schutzeinrichtung zwischen Sensor und Erde vorhanden, erfolgt unweigerlich ein Überschlag zwischen Sensor und Erde.

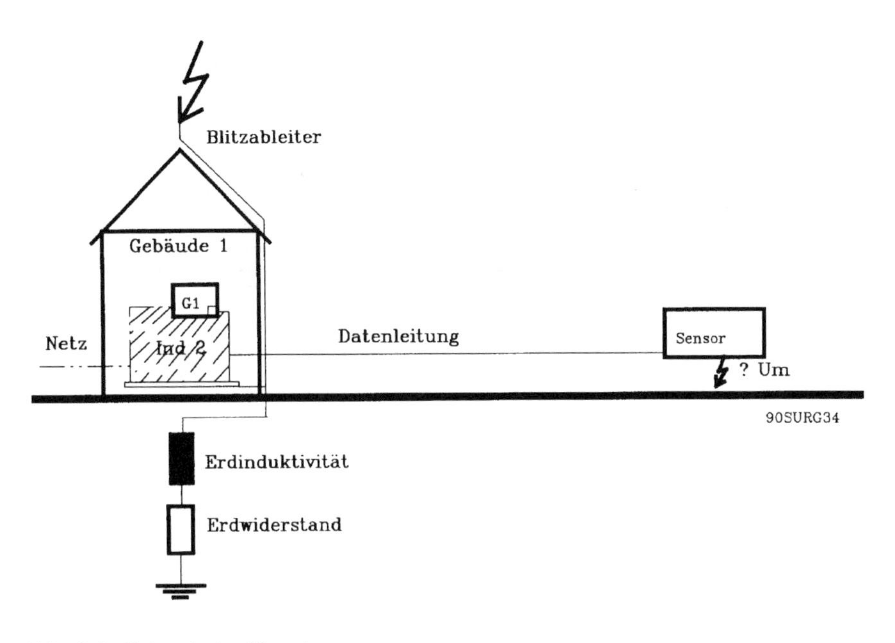

Abb. 3.4 Galvanische Kopplung

Die berechneten Werte zeigen, daß zusätzlich zum Erdwiderstand auch die Erdinduktivität eine große Rolle spielt, die bei der Überprüfung des Erdwiderstandes meistens nicht berücksichtigt wird.

Annahme: Blitzstrom: Imax 100 kA di/dt max= 100 kA/µs

Erdwiderstand Ohm	Erdinduktivität µH	Theoretische Spannung Um (kV)	Einfluß
0,5	0	50	Widerstand
0,5	2	200	Induktivität

Beispiel 3 (galvanische Kopplung Erdpotentialdifferenzen)

Die Blitzströme verteilen sich im Boden entsprechend der Bodenbeschaffenheit. Die Teilströme eines Blitzes erzeugen über dem Erdwiderstand REK eine Spannung, die als Quelle für das Elektroniksystem nach oben wirkt.

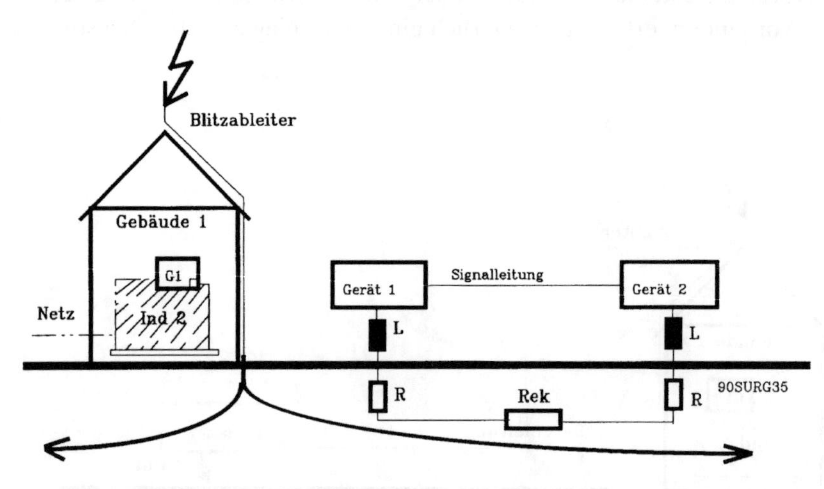

Abb. 3.5 Galvanische Kopplung Erdpotentialdifferenzen

Neben dem Blitz können die Erdströme auch von Bahnen oder durch Kurzschlüsse in Energienetzen entstehen.

Annahme: Blitzstrom: Imax 100kA die/dt max = 100 kA/µs

Erdwiderstand Ohm	Erdungsdrossel µH	Rek Ohm	Strom im Idealfall Imax. A
2	50	0,5	200 über den Schirm der Signalleitung
2	450	0,5	22 A über den Schirm der Signalleitung

Bei einer zulässigen Erdleiterdrossel von 450 µH besteht bei einem Blitzstrom von 100 kA eine Überschlagsgefahr über der Drossel.

Gestörte Systeme

Generell sind alle elektronischen und elektrischen Systeme betroffen, die über Netz- oder Datenkabel miteinander verbunden sind und bei denen die Erde als Bezugspotential verwendet wird. Elektronische und elektrische Systeme werden jedoch nur gestört, wenn der Koppelpfad die Störung nicht herausfiltert. Die Abb. 3.6 veranschaulicht diese Situation sehr schön.

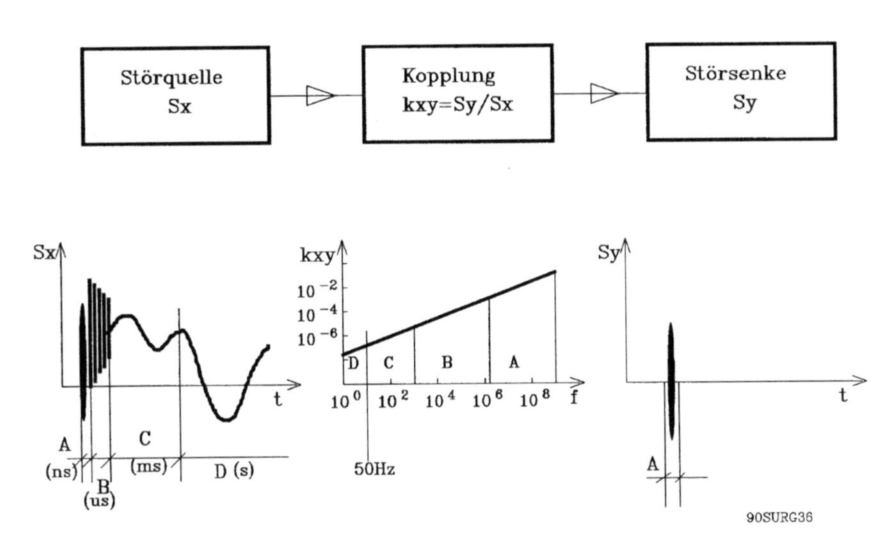

Abb. 3.6 Frequenzabhängigkeit des Koppelpfades

Die nachfolgende Zeichnung ergibt eine Übersicht über die Installations- und Lokalisations-Kategorien der IEEE und IEC. Für die EMV-Prüfungen müssen kleinere Spannungen als im Isolationskonzept gezeigt verwendet werden. Nur mit den kleineren Spannungen kann die EMV-Prüfung und die Isolationsprüfung separiert werden.

Tab. 3.7 Isolationskonzept nach IEC und IEEE

The ANSI/IEEE C62.41-1980 Concept of location categories in unprotected circuits.

Location Category C Outside and Service Entrance	**Location Category B** Major Feeders and Short Branch Circuits	**Location Category C** Outlets and Long Branch Circuits
Voltages 10kV or more	6kV Impulse or Ring	6kV Ring
Currents 10kA or more	3kA Impulses 500A Ring	200A Ring

The IEC PUB 664-1980 Concept of Controlled Voltages

Uncontrolled Voltages	Installation Category IV	Installation Category III	Installation Category II	Installation Category I
ungeschützte Einrichtungen	6kV	4kV	2.5kV	1.5kV
	Netzzuführung Schutz ausserhalb von Gebäuden	Ortsfeste Installationen am Hauseingang	Geräte im Hausinnern	Spezial

4 Simulation energiereicher µs-Impulse

4.1 Genormter Generator nach IEC 801-5d

Für den gleichen Generator bestehen verschiedene Bezeichnungen wie Hybrid-, Surge- und Combination Wave Generator. In dem letzten 801-5d Papier wird die Bezeichnung Combination Wave Generator verwendet. Diese Bezeichnung deutet daraufhin, daß der Generator eine Kombination von Impulsformen erzeugen kann: im Leerlauf eine Spannung von 1,2/50 µs und im Kurzschluß einen Strom von 8/20 µs. Diese beiden Impulsformen wurden gewählt, weil diese Formen für andere Belange schon seit langer Zeit angewendet wurden und in etwa den Impulsformen entsprechen, die bei Blitzeinschlägen in unser Energieverteilnetz, statistisch gesehen am häufigsten an den Systemen und Geräten anstehen. Ein weitere Impuls 10/700 µs wurde in Anlehnung an die CCITT Vorschrift K17 für Datenübertragungsleitungen berücksichtigt.
Auf den folgenden beiden Papieren basieren die Definitionen der Impulsformen 1,2/50 und 8/20 µs.

IEC60.2	1,2/50µs als Blitzimpuls für die Isolationsprüfung
IEC60.2	8/20µs für die Energieprüfung bei Schutzelementen.

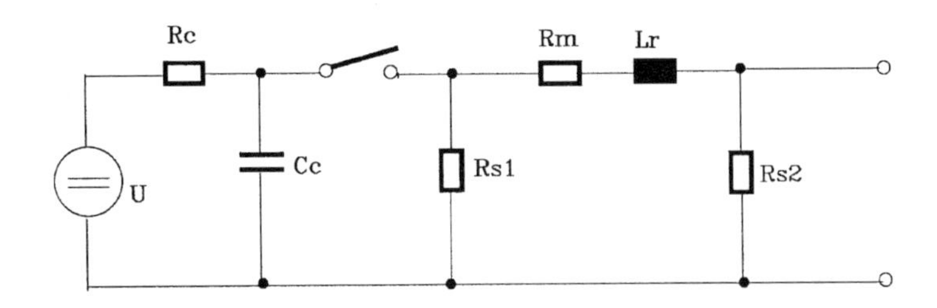

Abb. 4.1 Schaltbild des Combination Wave Generators 1,2/50µs und 8/20µs

U	Spannungsquelle	R_s	Impulsformungswiderstände
R_m	Seriewiderstand	R_c	Ladewiderstand
L_r	Serieinduktivität	C_c	Stoßkapazität

Technische Daten:

Leerlaufspannung	min 0,5 bis min 4,0 kV
Kurzschlußstrom	min 0,25 bis min 2,0 kA
Polarität	pos und neg
Phasensynchronisierung 50/60 Hz	0 bis 360°
Repetitionsfrequenz	min 1 Stoß/Minute
Generatorausgang	erdfrei
Innenwiderstand	2 Ohm
	Umax/Imax

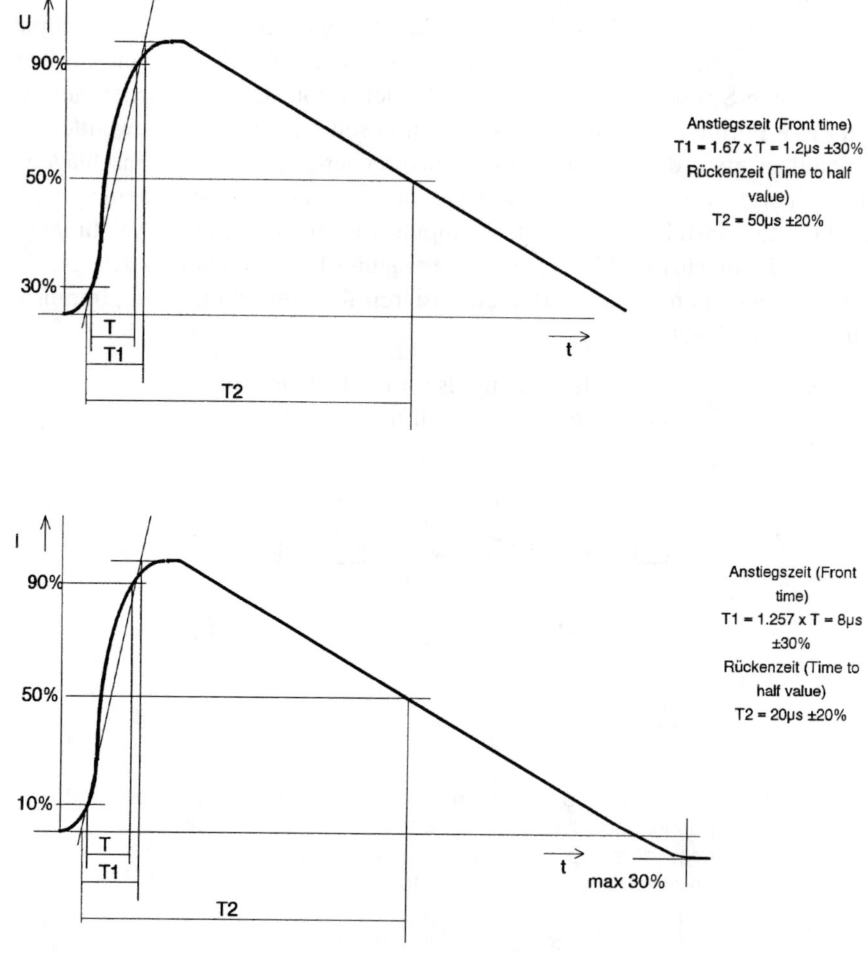

Abb. 4.2 Definition der Impulsformen 1,2/50 µs und 8/20 µs nach IEC 60-2

Tabelle 4.1 Gegenüberstellung der Werte entsprechend der Definition nach IEC 60-2 und IEC 469-1

Definition of the wave-shape parameters 1,2/50 µs		Definition in accordance with IEC 60-2		Definition in accordance with IEC 469-1	
		Front time	Time to half value	Rise time 10 %–90 %	Duration 50 %–50 %
open circuit	voltage	1,2 µs	50 µs	1 µs	50 µs
short circuit	current	8 µs	20 µs	6,4 µs	16 µs

Der folgende Kreis ist im Dokument K17 der CCITT Organisation beschrieben und wird bei der Prüfung von nachrichtentechnischen Einrichtungen angewendet.

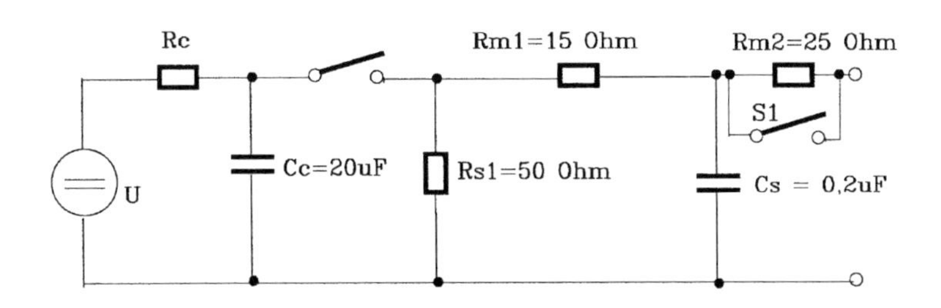

Abb. 4.3 Schaltbild des 10/700µs Generators nach CCITT K17

U	Spannungsquelle	R_s	Impulsformungswiderstände
R_m	Seriewiderstand	R_c	Ladewiderstand
C_s	Belastungskapazität	C_c	Stoßkapazität

Technische Daten:

Leerlaufspannung	min 0,5 bis min 4,0 kV
Kurzschlußstrom	min 12 bis min 100 A
Polarität	pos und neg
Phasensynchronisierung 50/60 Hz	0 bis 360°
Repetitionsfrequenz	min 1 Stoß/Minute
Generatorausgang	erdfrei
Innenwiderstand	40 Ohm

Tabelle 4.2 Gegenüberstellung der Werte entsprechend der Definition nach IEC 60-2 und IEC 469-1

Definition of the wave-shape parameters 10/700 µs		Definition in accordance with CCITT K17 red book		Definition in accordance with IEC 469-1	
		Front time	Time to half value	Rise time 10 %–90 %	Duration 50 %–50 %
open circuit	voltage	10 µs	700 µs	6,5 µs	700 µs
short circuit	current			4 µs	300 µs

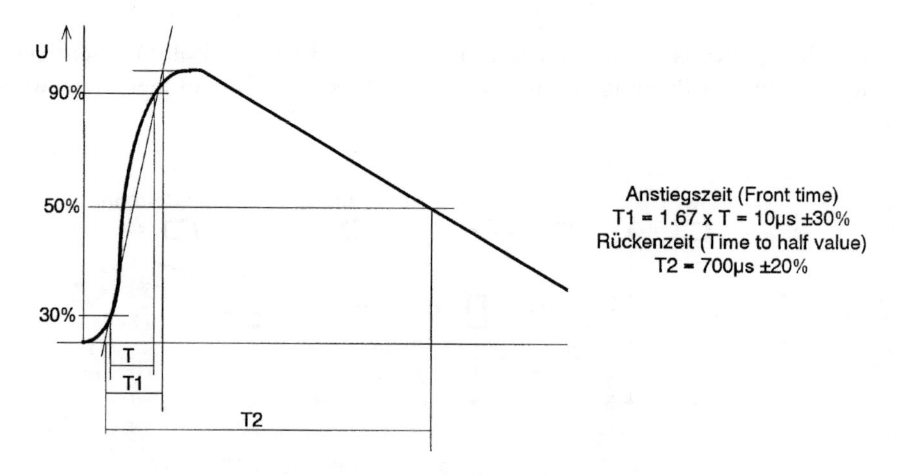

Abb. 4.4 Definition der Impulsform 10/700 µs

Die Definition der Stromform entspricht der Abb. 4.2.

Eine Überprüfung des Generators, wie in Abb. 4.5 gezeigt und nachstehend beschrieben, sollte vor jeder größeren Meßreihe vorgenommen werden. Nur wer die Daten des Generators überprüft hat, kann mit einiger Sicherheit sagen, daß die Prüfresultate brauchbar und korrekt sind.

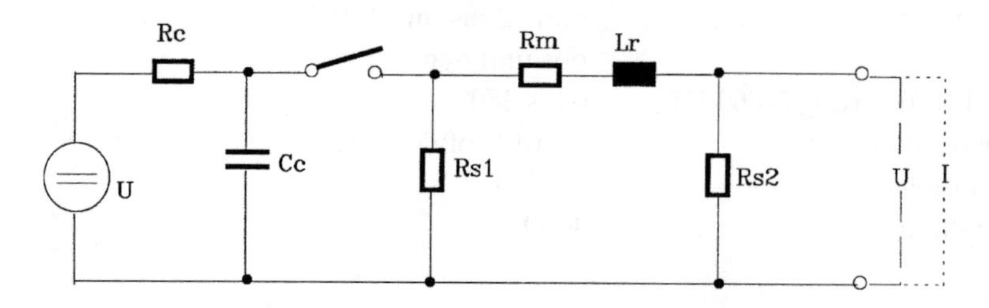

Abb. 4.5 Überprüfung des Generators

Der Generator kann mit dieser Angabe sehr leicht überprüft werden.

Beispiel: „Spannung“

- am Generator 1 kV Ladespannung wählen
- am Generatorausgang die Leerlaufspannung messen und Kontrolle durchführen, ob die Spannungsimpulsform innerhalb der Toleranz liegt.

Anstiegzeit T1 = 1.2 µs ± 30 % 0,84–1,56 µs
Rückenzeit T2 = 50 µs ± 20 % 40–60 µs

Umax messen.

Beispiel „Strom“

- am Generator 1 kV Ladespannung wählen
- den Generatorausgang kurzschließen und den Strom messen und überprüfen, ob die Stromform innerhalb der Toleranz liegt

Anstiegzeit T1 = 8 µs ± 20 % 6,4–9,6 µs
Rückenzeit T2 = 20 µs ± 20 % 16–24 µs

Imax messen

Kontrolle der Quellenimpedanz rechnerisch durchführen

$$\text{Z Quelle} = \frac{\text{Umax}}{\text{I max}} = 2\ \text{Ohm} \pm 20\,\%$$

Der 10/700 µs Generator muß in der gleichen Reihenfolge überprüft werden.

4.2 Kopplung und Prüfaufbau

Die Normen versuchen die Prüfanordnung und die Einkopplung der Störsignale möglichst exakt zu beschreiben, um eine große Reproduzierbarkeit der Prüfergebnisse zu erzielen. Entsprechend den vielen Kopplungsmöglichkeiten in der Praxis, sind in dem 801-5d Papier viele Kopplungsarten beschrieben. Die Art der Verbindung geschirmt, symmetrisch oder asymmetrisch betrieben, lange oder kurze Datenleitungen bestimmen die Kopplungsart.

Die Ankopplung des Prüflings und Entkopplung zum Netz erfolgt über ein Netzwerk. Dieses Netzwerk muß folgendes bewirken:

Kopplungstrecke	Nutzsignal	Dämpfung
Generator – Prüfling	Impuls	möglichst klein
Generator – Netz	Impuls	möglichst groß
Netz – Prüfling	50/60 Hz	möglichst klein
Netz – Generator	50/60 Hz	möglichst groß

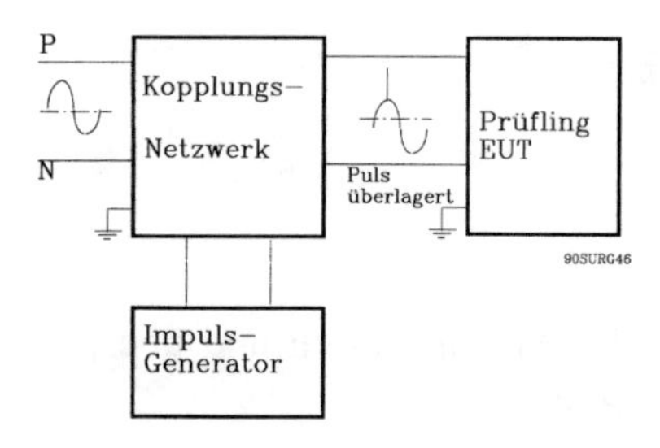

Abb. 4.6 Kopplungsnetzwerk allgemein

4.3 Anforderungen an die Prüfmittel

Prüfmittel für die Qualitätssicherung

1. Die erzeugten Impulse müssen möglichst reproduzierbar sein.
2. Das Prüfgerät muß integrierte Meßmöglichkeiten besitzen, sodaß das Gerät im Leerlauf, Kurzschluß oder auf definierten Abschlußlasten vom Anwender überprüfbar ist. Der Aufbau von externen Meßkreisen sollte dem Prüfer nicht zugemutet werden, da je nach verwendetem Gerät und Material die verschiedensten Meßergebnisse erzielt werden können. Insbesondere bei hohen Strömen im kA und Spannungen im kV Bereich wird die Messung der Einzelimpulse problematisch.
3. Die Auslösung der Störung sollte extern ansteuerbar sein. Es ist oft interessant und äußerst bedeutsam, die Störung zu einem besonderen Zeitpunkt z.B. synchronisiert mit der Netzfrequenz auszulösen.
4. Die Polarität positiv oder negativ der Transienten muß wählbar sein.
5. Die geforderten Prüfspannungen der Klassen 1–4 müssen einfach anwählbar sein.

Prüfmittel für die Entwicklungsabteilung:

Für die Überprüfung der elektronischen Systeme im Entwicklungsstadium sollten folgende Bedingungen erfüllt sein:

1. Die Repetitionsfrequenz der Störimpulse muß variabel sein.
2. Die Prüflevel müssen für den Entwickler variabel einstellbar sein, damit der Entwickler die genaue Störlimite und somit EMV-Verbesserungen oder Verschlechterungen erfassen kann.
3. Ausführliche Dokumentationen der Störgrößen, sowie der Koppel- und Filterglieder müssen vorliegen, d.h. das Amplitudendichtespektrum der Störgröße, Koppeldämpfung und Filterdämpfung muß bekannt sein.
4. Der Generator muß höhere Spannungen als 4 kV, z.B. 6 kV erzeugen können.

5 Prüfung nach IEC 801-5d oder VDE 0843 Teil 5

Der Einsatzort eines Gerätes oder Systemes definiert die Prüfspannung. Ensprechend den Umgebungsklassen sollten die Prüfschärfegrade gewählt werden. In der IEC 801-5d sind die Umgebungsklassen wie nachstehend definiert.

5.1 Umgebungsklassen

Klasse 0:

Gut geschützte Umgebung, in welcher alle eingeführten Kabel mit Überspannungs-Grob- und Feinschutz versehen sind. Diese Umgebung besteht meist in speziellen Räumen.

Die Elektronikgeräte innerhalb des Raumes sind mit einem richtig ausgelegten Erdnetz miteinander verbunden, das nicht betroffen werden kann von einem Blitz oder von Überspannungen von Energieverteilungsanlagen. Die elektronischen Geräten besitzen eine eigene Stromversorgung. Störimpulsspannungen größer als 25 V sollten nicht entstehen.

Klasse 1:

Teilweise gut geschützte Umgebung, in welcher alle eingeführten Kabel mit Überspannungs- Grobschutz versehen sind.
Die Elektronikgeräte innerhalb des Raumes sind mit einem richtig ausgelegten Erdnetz miteinander verbunden, das nicht betroffen werden kann von einem Blitz oder von Überspannungen von Energieverteilungsanlagen. Die elektronischen Geräten besitzen eine eigene Stromversorgung.

Schalthandlungen in Energieverteilnetzen können Überspannungen erzeugen in diesem Raum. Störimpulsspannungen größer als 500 V sollten nicht entstehen.

Klasse 2:

Industrielle Umgebung, in welcher alle Netzkabel und Datenleitungen auch für kurze Distanzen separat geführt werden.

Die Installation hat eine separate Erdverbindung, welche durch Blitzeinwirkung, oder durch die Installation selbst Störspannungen und Ströme führen kann. Die Netzversorgung der Geräte erfolgt über spezielle Netztransformatoren.

Ungeschützte Geräte befinden sich in dieser Umgebung, mit vorbestimmter Platzierung und beschränkter Anzahl. Störimpulsspannungen größer als 1 kV sollten nicht entstehen.

Klasse 3:

Industrielle Umgebung mit erhöhtem Störpegel, in welcher die Netzkabel und Datenleitungen auch für längere Distanzen nicht separat geführt werden und über kurze Distanzen die Gebäude verlassen können.

Die Installation ist über das normale Erdnetz geerdet, welches durch Blitzeinwirkung, oder durch die Installation selbst Störspannungen und Ströme führen kann. Insbesondere Kurzschlüsse, Schalthandlungen und Blitze erzeugen hohe Störungen im Erdsystem.

Die Netzversorgung der Geräte erfolgt von einem gemeinsamen Netz. Störimpulsspannungen größer als 2 kV sollten nicht entstehen.

Klasse 4:

In dieser Umgebung werden Mehrfachkabel (Multi-wire-Cable) verwendet. Die Netzkabel und Datenleitungen werden nicht separat geführt und verlassen die Gebäude auf langen Distanzen (Telekommunikation).

Die Installation ist über kein systematisch erstelltes Erdnetz geerdet. In diesem Erdsystem können durch Blitzeinwirkung, oder durch die Installation selbst Ströme in kA fließen. Insbesondere Kurzschlüsse, Schalthandlungen und Blitze erzeugen hohe Störungen im Erdsystem.

Die Netzversorgung aller Geräte erfolgt von einem gemeinsamen Netz. Störimpulsspannungen größer als 4 kV sollten nicht entstehen.

Klasse 5:

Außenraumeinrichtungen.

Klasse X:

Sonderklasse. Abmachungen zwischen Hersteller und Anwender sind erforderlich.

5.2 Prüfspannung

Die Prüfspannungen müssen entsprechend den Installationsklassen unter 5.1 und den nachstehenden Installations- und Betriebsbedingungen gewählt werden.

<table>
<tr><th rowspan="3">Installation class</th><th colspan="2">Power supply</th><th colspan="2">Unsymm. operated circuits, LDB</th><th colspan="2">Symm. operated circuits/lines</th><th colspan="2">DB, SDB (1)</th></tr>
<tr><th colspan="2">Coupling mode</th><th colspan="2">Coupling mode</th><th colspan="2">Coupling mode</th><th colspan="2">Coupling mode</th></tr>
<tr><th>Line to Line kV</th><th>Line to ground kV</th><th>Line to Line kV</th><th>Line to ground kV</th><th>Line to Line kV</th><th>Line to ground kV</th><th>Line to Line kV</th><th>Line to ground kV</th></tr>
<tr><td>0</td><td colspan="8">NO TEST is advised (N.T.)</td></tr>
<tr><td>1</td><td>N.T.</td><td>0.5</td><td>N.T.</td><td>0.5</td><td rowspan="6">N.T.</td><td>0.5</td><td rowspan="6">N.T.</td><td>N.T.</td></tr>
<tr><td>2</td><td>0.5</td><td>1.0</td><td>0.5</td><td>1.0</td><td>1.0</td><td>0.5</td></tr>
<tr><td>3</td><td>1.0</td><td>2.0</td><td>1.0</td><td>2.0</td><td>2.0</td><td rowspan="4">N.T.</td></tr>
<tr><td>4</td><td>2.0</td><td>4.0</td><td>2.0</td><td>4.0</td><td>4.0</td></tr>
<tr><td>5</td><td>*)</td><td>*)</td><td>2.0</td><td>4.0</td><td>4.0</td></tr>
<tr><td>x</td><td></td><td></td><td></td><td></td><td></td></tr>
</table>

(1) Limited distance, special configuration, special layout, 10 m to max 30 m: no test is advised at interconnection cables up to 10 m

*) depends on the class of the local power supply system

DB = Data Bus SDB = Short Distance Bus LDB = Long Distance Bus

Tabelle 5.1 Auswahl der Prüfspannungen

Klasse 1bis 4 1,2/50us (8/20µs)
Klasse 5 1,2/50µs (8/20µs) und 10/700µs

Definitionen: DB Data Bus
SDB Bus mit kleiner Ausdehnung
LDB Bus mit großer Ausdehnung

5.3 Fehlerkriterien, Bewertung der Prüfergebnisse

Die Vielfalt und Unterschiedlichkeit der zu prüfenden Betriebsmittel und Anlagen macht die Festlegung von allgemeinen Bewertungskriterien über den Einfluß von Impulsstörgrößen auf Betriebsmittel und Anlagen schwierig.

Die Prüfergebnisse können auf der Grundlage der Einsatzbedingungen und der Festlegung über die Funktion des Prüflings nach folgenden Merkmalen protokolliert werden:

A) Keine Einschränkung des Betriebes oder der Funktion.
B) Zeitweilige zulässige Einschränkung des Betriebes oder der Funktion, automatische Wiederherstellung des fehlerfreien Betriebes, oder Wiedererstellung des Betriebes oder der Funktion durch das Eingreifen des Bedienerpersonals.
C) Bleibender Verlust der Funktion aufgrund von Zerstörungen des Betriebsmittels oder seiner Komponenten (Hardware oder Software). Das Eingreifen des Servicepersonals ist notwendig. Das Gerät oder System hat den Test nicht bestanden.

Im Falle von Abnahmeprüfungen sind das Prüfprogramm und die Interpretation der Prüfergebnisse Gegenstand von Vereinbarungen zwischen Herstellern und Anwender.

6 Prüfplan

Ein Prüfplan ist so früh wie möglich durch den Hersteller und Verkäufer, oder durch den Gesamtprojektleiter zu erstellen. Der Prüfplan sollte die folgenden wesentlichen Punkte enthalten:

1. Systembeschreibung
Beschreibung der Systemintegration
Beschreibung der Betriebsaspekte
Innere Umgebungsbedingungen
Umgebungsklassen
Störlevel von Störmessungen

2. Fehlerkriterien
Siehe Punkt 5.3

3. Prüfablauf
Beschreibung des verwendeten Prüfsystemes wie: Generatoren, Meßgeräte und Koppeleinrichtungen.
Überprüfung des Prüfsystemes entsprechend den Normvorschriften.
Beschreibung des Prüfplatzes, den Peripheriegeräten mit Skizzen, Zeichnungen und Bildern belegen.
Vorgabe der Prüflevel und der Impulsformen.
Genaue Bezeichnung in welche Leitungen eingekoppelt werden soll.
Prüfdauer, Repetitionsfrequenz
Polarität der Impulse.

4. Prüfprotokoll
Alle Daten und Beobachtungen sind zu protokollieren.

6.1 Hinweise zu praktischen Prüfungen

Nur in praktischen Versuchen kann die Komplexität der EMV Prüfung bewußt gemacht werden. Die IEC Norm 801-5d (Juli 91), oder in Zukunft auch unter der IEC Nummer 1000-4-5 als Basisnorm erhältlich, beschreibt nur die von dem Blitz Phänomen abgeleiteten Prüfanforderungen. Die für die Durchführung der Prüfung notwendigen Informationen über den Prüfling sind in dieser Norm nicht beschrieben. Unter dem Abschnitt 6.2 sind die vier unterschiedlichen Koppelbeispiele aus der IEC 801-5 kurz beschrieben. Unter 6.3 finden Sie als Beispiel ein Surge-Prüfprotokoll.

6.2 Hinweise aus der IEC 801-5 Norm

Grundsätzlich kann zwischen vier Kopplungsarten unterschieden werden:

1. Einkopplung in Ein- oder Dreiphasennetze
2. Einkopplung in Signalleitungen
3. Stromeinspeisung in Erdverbindungen, Abschirmungen
4. Einkopplungen in Telecomleitungen

Zusätzlich zu den vier unterschiedlichen Kopplungsarten wird jeweils auch noch bei symmetrischer und asymmetrischer Einkopplung ein Widerstand 0 oder 10 Ohm und eine Koppelkapazität 18 oder 9 µF in Serie zum Generator und der Leitung geschaltet.

6.3 Beispiel eines Surge-Prüfablaufes mit Prüfvorlagen

Auf den folgenden Seiten ist eine Protokollvorlage abgebildet, die sich bei den praktischen Versuchen am TAE Seminar in Esslingen bewährt hat.

Beispiel: SURGE Prüfprotokoll, Prüfvorlage

Lightning "Surge"

MATERIALLISTE:

1	PC6-288		Ln. 093 627.1
1	PHV1.1	8/20 µs 1,2/50 µs	Ln. 093 534.1
1	PHV2.1	100kHz Ring Wave	Ln. 093 546.1
1	PHV9.1	10/700 µs	Ln. 093 .1
1	Drucker		Ln.
1	FP20/3-3		Ln. 093 527.1
1	Koppelnetzwerk Signal IP6 spz		
1	Oszillograph Tektronix		
1	Prüflingset bestehend aus:		
1	Netzteil		No. 3 oder 4
1	Anzeigen	PMV, PCU	No. 3 oder 4
1	Signalkabel		

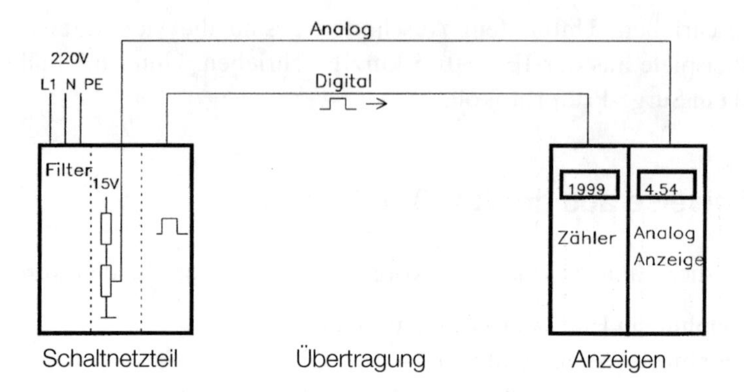

Abb. 6.1 Blockschaltbild des Prüflings

Fehlerkriterien: „Prüfung bestanden“

1. Der Wert auf der Zähleranzeige darf sich bei keiner Surge Prüfung < 1 kV ändern.
2. Der gespeicherte Wert im Impulsmeßgerät darf bei der Prüfung < 1 kV nicht verändert werden.
3. Die Anzeigen dürfen nicht ausfallen bis zu Prüfspannungen von < 2 kV.

Bei allen Versuchen sind die Fehler entsprechend den Fehlerkriterien auf Seite 1 in der nachstehenden Tabelle mit 0 = kein Fehler oder 1 = Fehler zu protokollieren.

Versuch 1 Einkopplung L=>PE
Einschub PHV1 u = 1,2/50 µs i = 8/20 µs

Ladespannung kV	pos 0,5	neg 0,5	pos 1,0	neg 1,0	pos 2,0	neg 2,0	pos 4,0	neg 4,0
Phasenwinkel								
0								
30								
60								
90								
120								
150								
180								
210								
240								
270								
300								
330								
360								

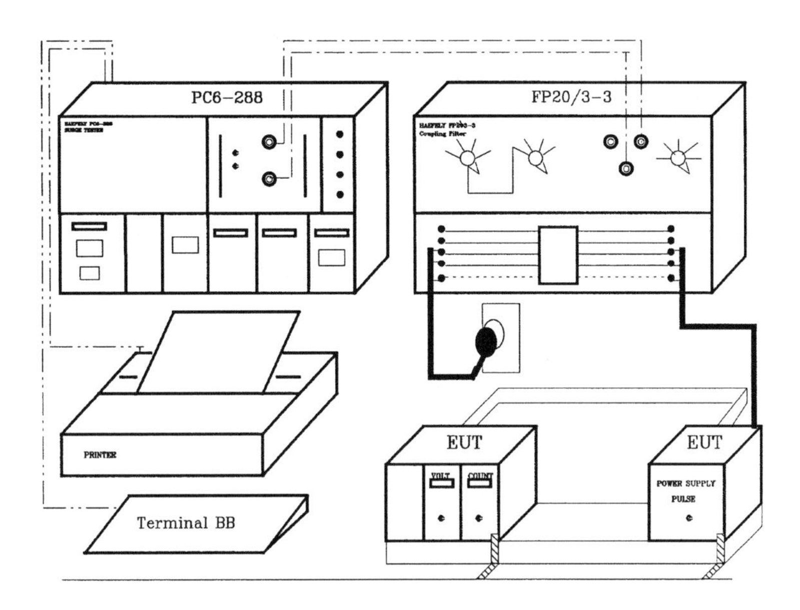

Abb. 6.2 Einkopplung in Ein- und Dreiphasennetze

Bei allen Versuchen sind die Fehler entsprechend den Fehlerkriterien auf Seite 1 in der nachstehenden Tabelle mit 0 = kein Fehler oder 1 = Fehler zu protokollieren.

Versuch 2 Einkopplung L => PE

Die gleiche Prüfung wie beim Versuch 1 ist mit dem PHV2 ring wave Einschub zu wiederholen. Die ring wave Prüfung wird in IEEE 587 und in dem IEC Papier TC77 Sec (73) verlangt.

Ladespannung kV	pos 0,5	neg 0,5	pos 1,0	neg 1,0	pos 2,0	neg 2,0	pos 4,0	neg 4,0
Phasenwinkel								
0								
30								
60								
90								
120								
150								
180								
210								
240								
270								
300								
330								
360								

Das Koppelnetzwerk muß so ausgelegt sein, daß bei den unterschiedlichen Entkopplungen die Koppelelemente wie nachstehend gezeigt umgeschaltet werden können.

Einkopplung	R in Serie zum Generator Ohm	Kopplungskapazität µF
Symmetrisch L1 – L2	0	18
Asymmetrisch L1 – PE	10	

Mit der Änderung der Koppelelemente wird eine Anpassung an die Koppelimpedanzen der Realität vorgenommen.

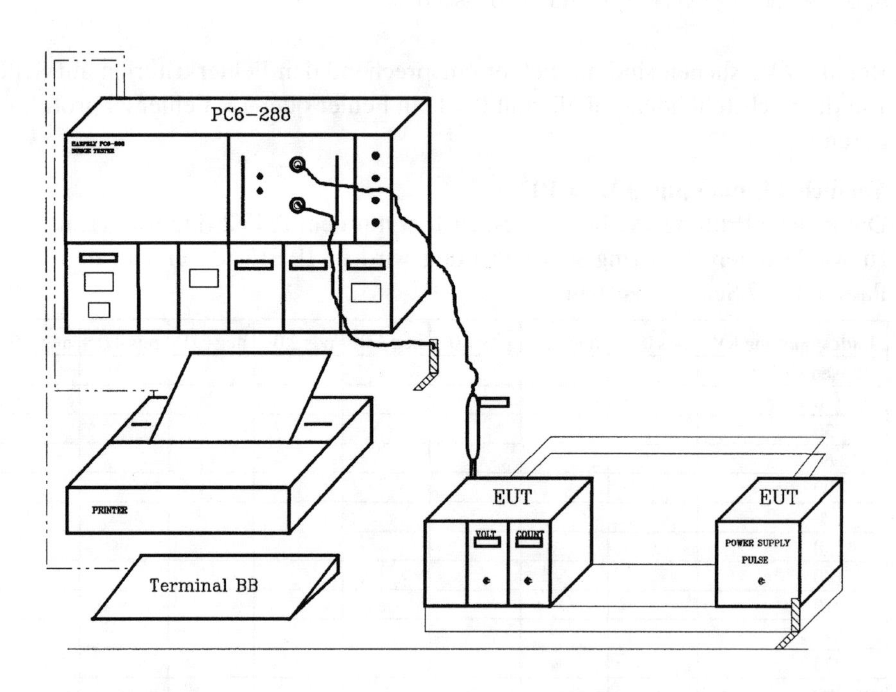

Abb. 6.3 Überprüfung der Erdverbindungen und der Übergangswiderstände in den Steckern und den Kabelabschirmungen.

Bei allen Versuchen sind die Fehler entsprechend den Fehlerkriterien auf Seite 6-3 in der nachstehenden Tabelle mit 0 = kein Fehler oder 1 = Fehler zu protokollieren.

Ladespannung kV	pos 0,5	neg 0,5	pos 1,0	neg 1,0	pos 2,0	neg 2,0	pos 4,0	neg 4,0
Datenkabel geschirmt								
Datenkabel ungeschirmt								

Sind beide Prüflinge mit einer Schutzerde ausgeführt, so ist zuerst bei dem Prüfling EUT Anzeigen die Erde aufzutrennen und der Surge Strom wie in ***Abb. 6.3*** gezeigt in das Gehäuse einzuschießen. Anschließend ist beim Prüfling EUT Anzeige die Erde wieder anzubringen und am EUT Power supply die Erdverbindung zu lösen. Nun ist der Strom in das Netzteil anzulegen. Mit diesen beiden Prüfungen wird sichergestellt, daß beide Erdverbindungen überprüft werden.

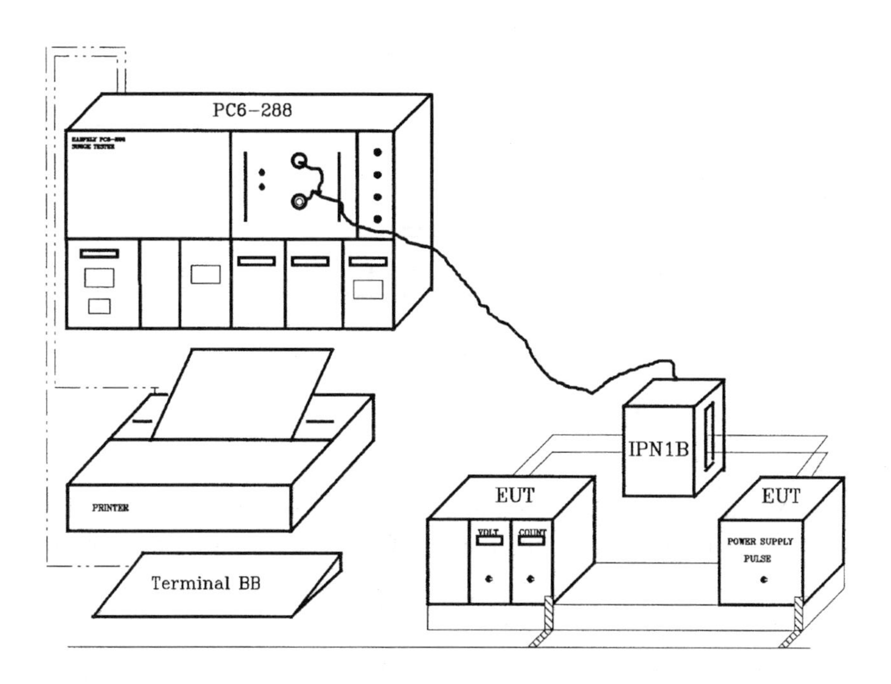

Abb. 6.4 Induktive Einkopplung in Signal- und Meßleitungen.

Bei allen Versuchen sind die Fehler entsprechend den Fehlerkriterien auf Seite 1 in der nachstehenden Tabelle mit 0 = kein Fehler oder 1 = Fehler zu protokollieren.

Ladespannung kV	pos 0,5	neg 0,5	pos 1,0	neg 1,0	pos 2,0	neg 2,0	pos 4,0	neg 4,0
Datenkabel geschirmt								
Datenkabel ungeschirmt								

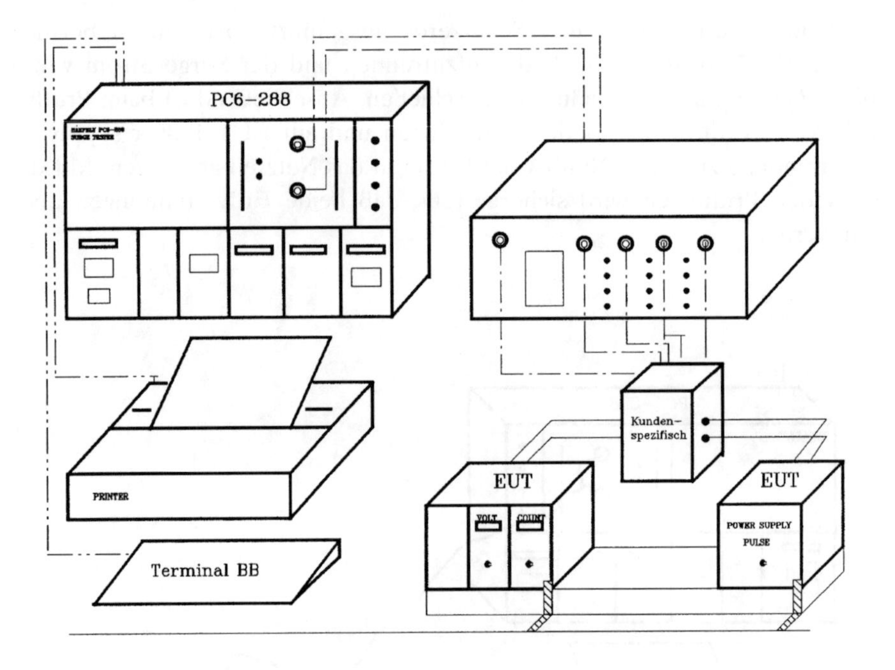

Abb. 6.5 Einkopplung in Telecomleitungen

Bei allen Versuchen sind die Fehler entsprechend den Fehlerkriterien auf Seite 1 in der nachstehenden Tabelle mit 0 = kein Fehler oder 1 = Fehler zu protokollieren.

Ladespannung kV	pos 0,5	neg 0,5	pos 1,0	neg 1,0	pos 2,0	neg 2,0	pos 4,0	neg 4,0
Einkopplung in: Digital, Analog +15 V und + 5 V								

7 Schlußfolgerung

Die EMV-Prüfung stellt erhöhte Anforderungen einerseits an den Anwender, anderseits an den Hersteller solcher Prüfmittel. Auf der Anwenderseite nimmt die Komplexität der zu prüfenden Systeme zu, die Prüfvorschriften müssen detaillierter, der Prüfaufbau aufwendiger werden. Die Systeme und Geräte arbeiten im Nennbetrieb, Prozeßimpedanzverhältnisse müssen nachgebildet werden oder die gesamte Peripherie muß aufgebaut und entkoppelt werden.

Um die genannten Surge-Prüfungen durchzuführen zu können, sind sowohl Prüfschärfegrade als auch prüflingsspezifische Angaben und Kenntnisse, wie Aufstellung, Erdung, Betriebsablauf, Programmablauf und nicht zuletzt die zulässigen Auswirkungen festzulegen. So ist z.B. eine Abweichung eines Analogsignales innerhalb des Toleranzbandes sicher eher zulässig oder tolerierbar, als die Verfälschung nur eines einzigen Bits in einem Speicher oder bei einer Informationsübertragung.

7.1 Literatur

[1] IEC 801-5d Sec. 137

[2] Guides and Surge for protection
IEEE C62 Complete 1990 Edition

[3] Prof. Dr. Gockenbach
Prüfeinrichtungen zur Erzeugung von hohen Strömen

[4] IEC Publikation 664-1980
Insulation Coordination within low voltage system.

[5] IEEE 587

[6] FTZ 12TR

[7] Namur Empfehlung Februar 1988 Seite 1 bis 14

[8] M. Lutz Übersicht über die Simulation von transienten Impulsen für die EMV-Prüfung

[9] M. Lutz Ermittlung der Störfestigkeit von Elektronik Geräten gegen elektrostatische Personenentladung

[10] M. Lutz Ermittlung der Störfestigkeit gegen ernergiearme ns-Impulse mit dem EFT (Electric Fast Transient IEC 801-4) oder Burst Generator

7.2 Einige Definitionen:

EMV	Elektro-Magnetische Verträglichkeit
EFT	Electric Fast Transient oder Burst
CWG	Combination Wave-Generator
IEC	International Electrotechnical Commission
VDE	Verband Deutscher Elektrotechniker
CENELEC	European Committee for Electrotechnical Standardisation
SEV	Schweizerischer Elektrotechnischer Verein

Teil 5

Gerd Balzer

Störfestigkeits-Prüfverfahren für schmalbandige Störgrößen

Während die bisherigen Ausführungen die impulsförmigen, breitbandigen, leitungsgeführten Kurzzeitstörgrößen behandelten, ist der folgende Beitrag schmalbandigen, sinusförmigen, leitungsgeführten und gestrahlten Störgrößen gewidmet.

1 Simulation schmalbandiger Störgrößen auf Versorgungsleitungen und auf dem Erdungssystem (15 Hz – 150 kHz)

Schmalbandige (sinusförmige) Störgrößen treten im unteren Frequenzbereich (kleiner 10 kHz) hauptsächlich als Folge von Beeinflussungen durch das Versorgungsnetz oder daran angeschlossener Verbraucher auf.

Sowohl Erd- und Fehlerströme mit den Frequenzen der versorgenden Wechselspannung (16 2/3, 50, 60, 400 Hz), als auch Oberschwingungen dieser Grundfrequenzen führen u.U. zu unzulässigen Beeinflussungen von elektrischen und elektronischen Einrichtungen.
Hinzu kommen Störgrößen im Kilohertzbereich durch beabsichtigt eingekoppelte Signale auf dem Versorgungsnetz zur Übertragung von Informationen (Rundsteuersignale).

1.1 Störeinkopplung – symmetrisch – (DIFFERENTIAL-MODE)

Schmalband-Störgrößen auf dem Versorgungsnetz treten als symmetrische oder Quer-Beeinflussungen zwischen den betriebsstromführenden Leitungen auf. Die Störgröße muß deshalb der Versorgungsspannung aufaddiert werden.

Ein günstiges und bewährtes Verfahren ist die transformatorische Einkopplung, wobei der Innenwiderstand des Versorgungsnetzes und des Generators etwa gleich groß sein müssen (Meßaufbau Abb. 1.1 u. 1.2).

Auf die in Abb. 1.2 angegebene Kompensationsschaltung kann verzichtet werden, wenn die zurücktransformierte Spannung den Generator-Ausgang nicht unzulässig beeinflußt (z.B. bei Prüflingsströmen bis ca. 10 A). Die Prüfanordnung entspricht dann prinzipiell der von Abb. 1.1, wie sie bei der Einkopplung auf Gleichstrom-Versorgungsleitungen angegeben wird.

Hinweis: Durch Austausch des Generators können auch impulsförmige Störgrößen eingekoppelt werden.

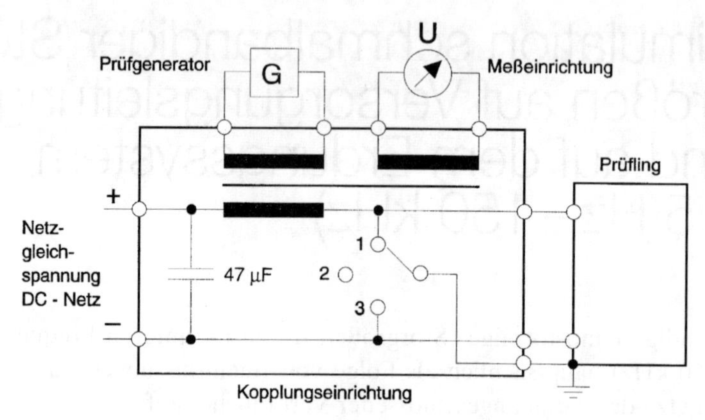

Abb. 1.1: Meßanordnung für die Störeinkopplung auf Gleichstromversorgungsleitungen

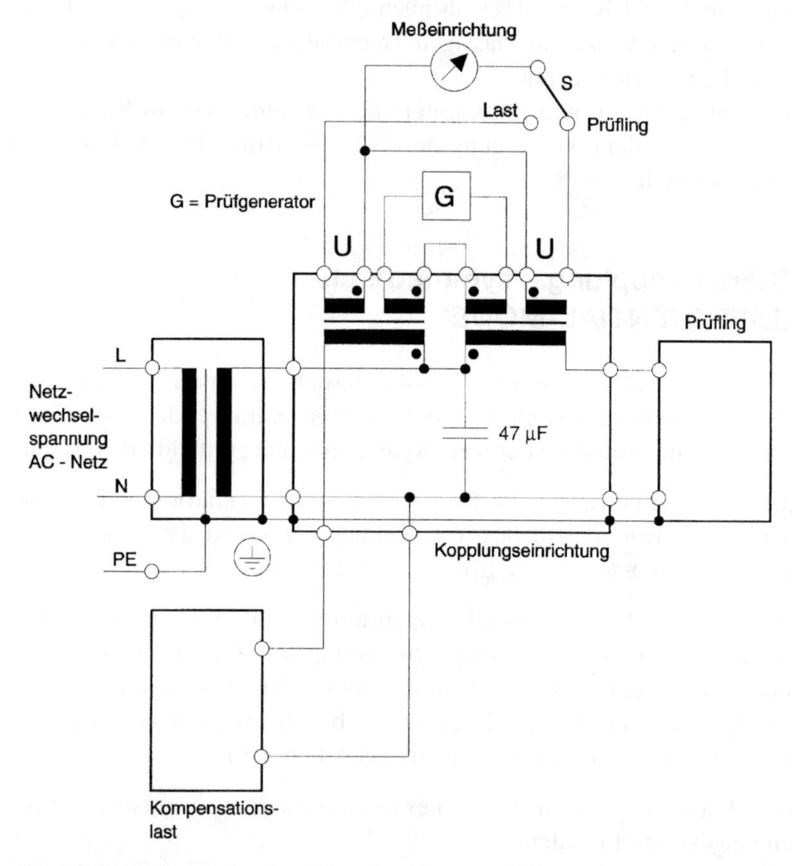

Abb. 1.2: Meßanordnung für die Störeinkopplung auf Wechselstromversorgungsleitungen mit Betriebsstromkompensation

1.2 Störeinkopplung – unsymmetrisch/asymmetrisch (COMMON-MODE)

Ausgleichsströme und Differenzspannungen im Erdungssystem – insbesondere bei ausgedehnten Anlagen – führen hauptsächlich zu Beeinflussungen von Analogsignalen, die in Meß-, Steuer- und Regelanlagen, elektro-akustischen sowie VIDEO-Anlagen mit kleinen Pegeln im mV- und mA-Bereich verarbeitet und übertragen werden.

Zur Abschätzung der notwendigen Entstörmaßnahmen und zur Ermittlung der Störfestigkeit hat sich eine „Bestromung" von Gehäusen und Leitungsschirmen (Meßanordnung Abb. 1.3) oder das Anlegen von Differenzspannungen an den Signaleinängen als praktikabel erwiesen.

Sinnvolle Grenzwerte ergeben sich durch die maximal zulässige Berührungsspannung (42 Veff) bzw. Erdströme in der Größenordnung von 100 A.
Die Störeinkopplung erfolgt unsymmetrisch/asymmetrisch (Erd-/Masse-bezogen, COMMON-MODE) zwischen der/den Leitung(en) und dem Bezugssystem.

Hinweis: Die Meßanordnung kann auch für höhere Frequenzen angewendet werden, wenn die Rückleitung für den Störstrom über einen Flächenleiter (z.B. geschirmte Meßkabine) erfolgt (siehe Abschnitt 3).

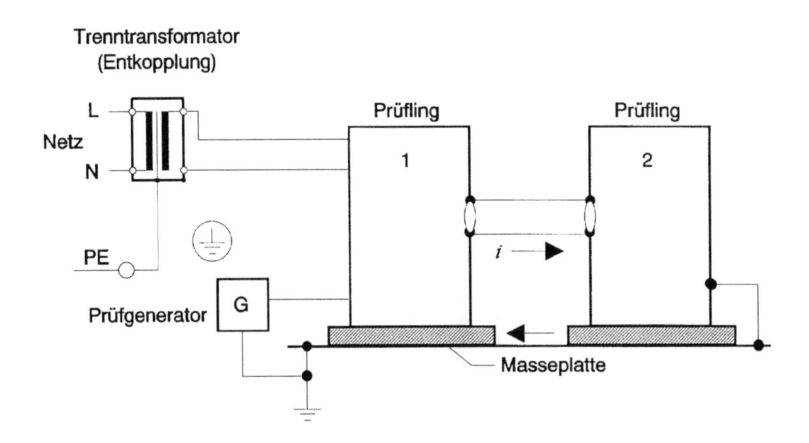

Abb. 1.3: Meßanordnung für die Störeinkopplung von Störströmen auf Gehäuse und Leitungsschirme

1.3 Simulation von Beeinflussungen durch das Stromversorgungsnetz auf Signalkreise mit ungeschirmten Signalleitungen

Für die Beschreibung von niederfrequenten Beeinflussungen liegen normativ im wesentlichen Anforderungen zulässiger Beeinflussungs-Pegel in Fernmeldenetzen vor, die in den DIN VDE Bestimmungen 0228 ihren Niederschlag gefunden haben. Für Störfestigkeitsnachweise fehlen normative Festlegungen in Form von BASIS-Standards. Ein sog. Produkt-Standard, der auf die Problematik eingeht, ist die DIN IEC 770 „Methoden der Beurteilung des Betriebsverhaltens von Meßumformern zum Steuern und Regeln in Systemen der industriellen Prozeßtechnik“. Die dort angeführten Prüfverfahren sind auch für andere Signalschnittstellen der Meß- und Prozeßautomatisierung bzw. Leittechnik anwendbar.

1.3.1 Gleichtakt-Beeinflussungen

In den Abb. 1.4 und 1.5 sind die Meßanordnungen für den Fall der sog. Gleichtakt-Beeinflussung, d.h. für unsymmetrische Einkopplung von Wechsel- oder Gleichspannungsstörgrößen dargestellt. Die Störgröße wird in den Signalkreis gegen Bezugspotential (Erde, Masse) eingekoppelt.

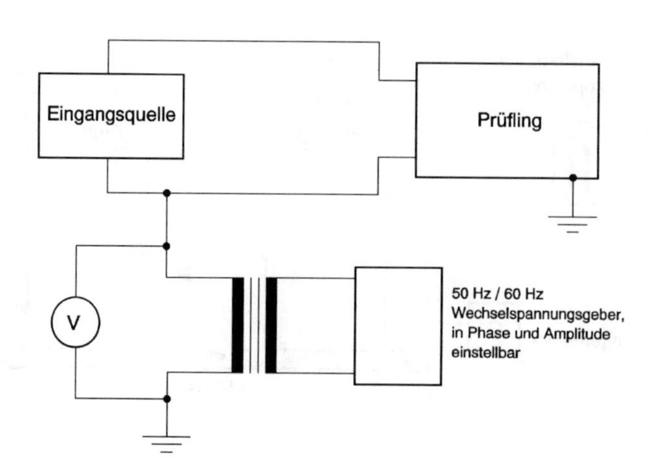

Abb. 1.4: Meßanordnung zur unsymmetrischen Einkopplung von Wechselspannungs-Störgrößen (Gleichtakt-Einkopplung)

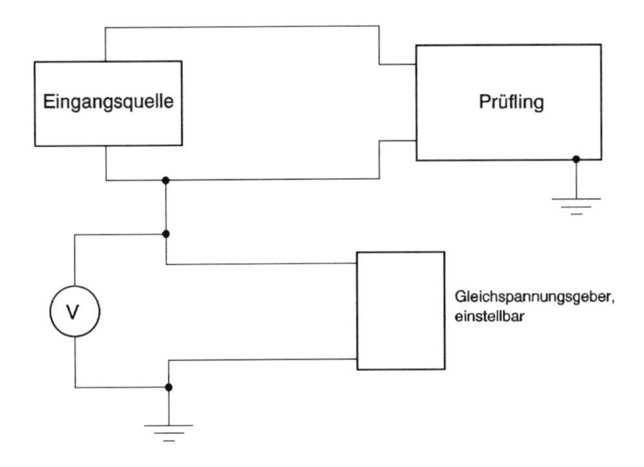

Abb. 1.5: Meßanordnung zur unsymmetrischen Einkopplug von Gleichspannungs-Störgrößen (Gleichtakt-Einkopplung)

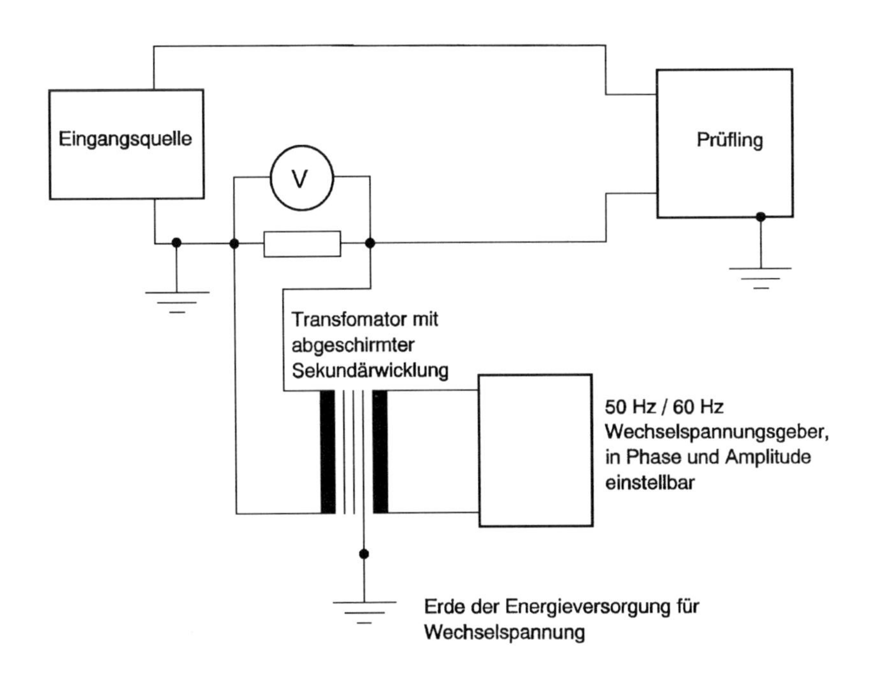

Abb. 1.6: Meßanordnung zur symmetrischen Einkopplung von Wechselspannungs-Störgrößen (Serien-Einkopplung)

1.3.2 Serielle Störbeeinflussungen

In Abb. 1.6 ist die Meßanordnung für eine serielle Einkopplung der Störgröße in den Signalkreis dargestellt. Die Störgröße wird dem Nutzsignal überlagert. Diese Beeinflussung tritt insbesondere dann auf, wenn Hin- und Rückleiter eines Signalkreises nicht eng zusammenliegen (Verdrillung) und die durch die Schleifenbildung entstandene Fläche die Möglichkeit einer magnetischen Kopplung bietet.

2 Simulation von Magnetfeldern

Die Simulation von Gleich- und Wechselfeldern im niedrigen Frequenzbereich ist hauptsächlich für die von Betriebsströmen hervorgerufenen Magnetfelder, z.B. verursacht durch

- Gleichströme in galvanischen Bädern, Aluminiumhütten,
- Wechselströme in Kraftwerks-, Walzwerks- oder Bahnanlagen von Bedeutung.

Betroffen sind überwiegend Geräte, die zum Zwecke ihrer Funktion mit Magnetfeldern niedriger Intensität arbeiten, wie

- Monitore, Datensichtgeräte sowie
- Datenträgergeräte (Floppy-Disk, Magnetbänder).

2.1 Normative Festlegungen

Die Prüfverfahren sind in VG 95373, Teil 13 beschrieben. Auf internationaler Ebene liegen vom Technischen Komitee TC 77 die IEC Entwürfe 77B(CO) 7,8,9 zur Verabschiedung als IEC Publikationen der Serie 1000-4-.. vor.

- Zur Simulation von Magnetfeldern, die durch Ströme der Versorgungsspannungen (DC, AC) hervorgerufen werden, sind Verfahren mit homogenen Feldern nach Entwurf 77B(CO)7 vorgesehen.
- Für die Simulation transienter Magnetfelder mit gedämpften, oszillierenden Schwingungen ist ein weiterer Standard der Serie 1000-4-.. in der Diskussion.

2.2 Prüfverfahren

Unterschieden wird zwischen der Simulation von homogenen und konzentrierten, d.h. inhomogenen Magnetfeld-Beeinflussungen.

Die Erzeugung von homogenen Feldern in der sog. Helmholtz-Spule ist für Prüflinge mit nicht allzu großen Abmessungen für Frequenzen unterhalb von 10 kHz gut realisierbar.

Im Falle von konzentriert auftretenden Feldern können diese mit einer räumlich kleinen Magnetspule simuliert werden, die sich dann auch zur Anwendung bei größeren Prüflingen im „Abtastverfahren" eignet. Entsprechend der Geometrie der Spule kann das Verfahren bis etwa 200 kHz angewendet werden.

2.3 Grenzwerte

Als Grenzwerte für homogene Felder erscheinen folgende Werte in dem Normentwurf:

Level		
	1	1 A/m
	2	3 A/m
	3	10 A/m
	4	30 A/m dauernd, 300 A/m kurzzeitig
	5	100 A/m dauernd, 1000 A/m kurzzeitig

Dabei liegen bei der praktischen Betrachtung für Monitore mit magnetischen Ablenksystemen Störfestigkeiten in der Größenordnung von 1 A/m bis 3 A/m zu Grunde, wenn keine besonderen Abschirm- Maßnahmen getroffen wurden.

Datenträgergeräte (Floppy-Disk, Massenspeicher) liegen mit ihren Störfestigkeitspegeln im Bereich von einigen 100 A/m bei der Beeinflussung von Gleich- bzw. niederfrequenten Wechselfeldern.

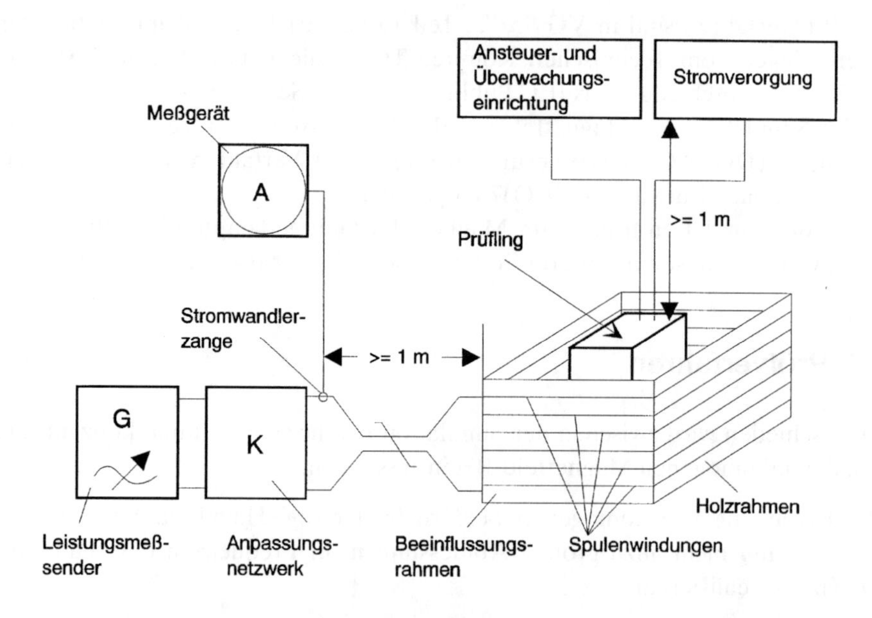

Abb. 2.1: Beispiel für eine Meßanordnung für Gleich- und Wechselfelder von 15 Hz bis 10 kHz

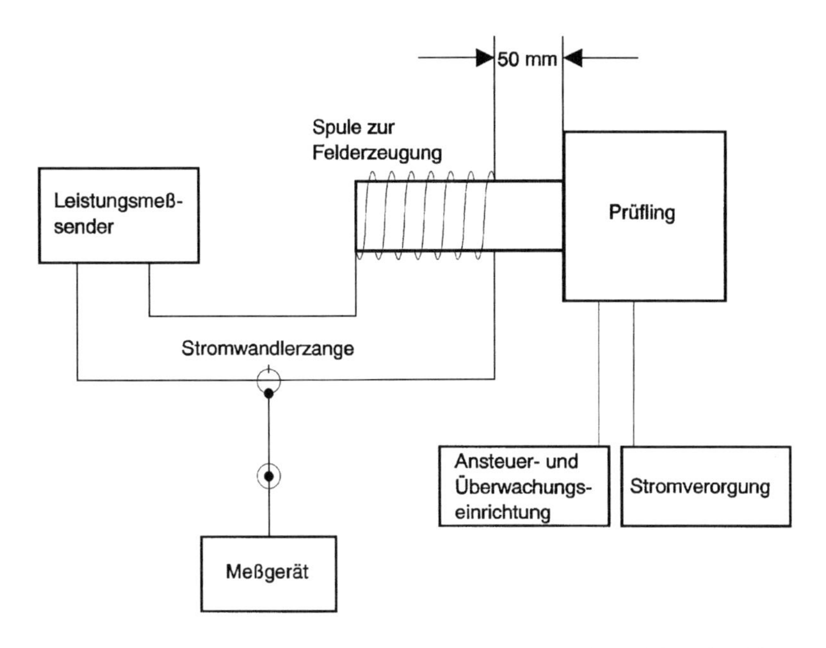

Abb. 2.2: Beispiel für die Meßanordnung mit konzentriert wirkenden Magnetfeldern bis ca. 200 kHz

2.4 Beispiel einer in der Praxis eingesetzten Beeinflussungsspule

Ein Beispiel für die Realisierung einer Beeinflussungsspule für Funktionseinheiten bis zu einer Kantenlänge von max. 1 m enthält Abb. 2.3. Die technischen Daten sind im folgenden beschrieben.

Das Diagramm (Abb. 2.4) zeigt in Abhängigkeit von der Frequenz den Zusammenhang zwischen der an der Spule eingespeisten Spannung und der magnetischen Feldstärke (A/m) bzw. der Flußdichte (T).

Im Zentrum der begehbaren Beeinflussungsspule können Geräte (z.B. Monitor, PC) aufgestellt werden. Die Meßanordnung erlaubt, Gleich- und Wechselfelder im Frequenzbereich von 15 Hz – 1 kHz zu erzeugen. Sinnvoll erscheint die Beeinflussung mit den technischen Frequenzen (0, 16 2/3, 50, 60, 400 Hz) und ihren ersten Harmonischen.

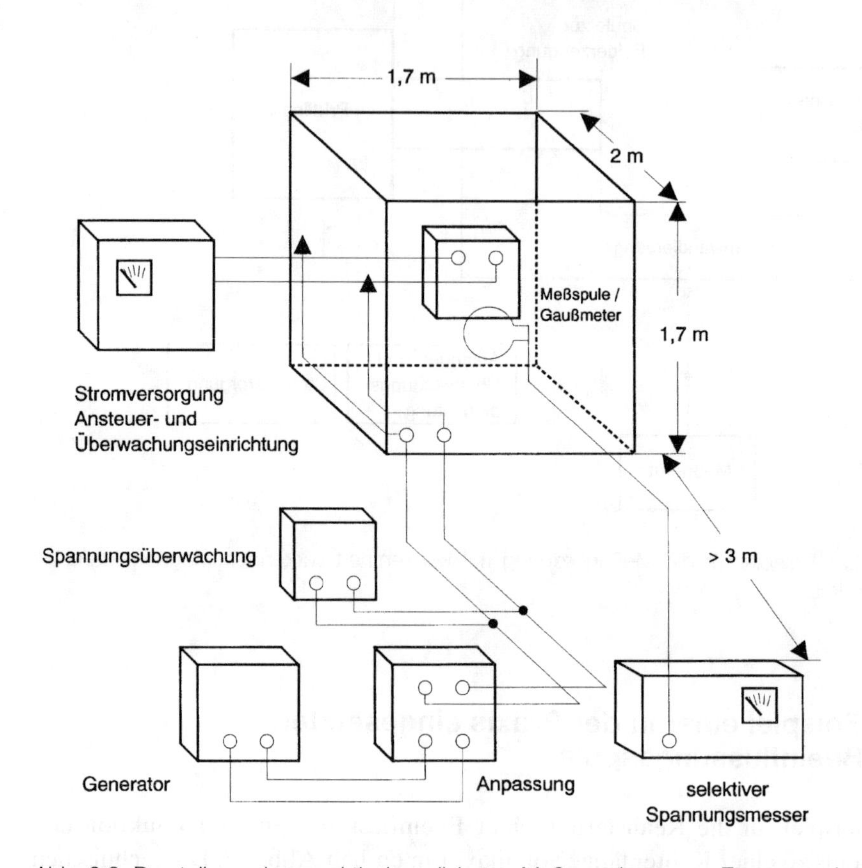

Abb. 2.3 Darstellung einer praktisch realisierten Meßanordnung zur Erzeugung homogener Magnetfelder

Magnetische Daten:

H/I-, B/I-Verhältnis:
H = magn. Feldstärke, B = magn. Flußdichte, I = Spulenstrom
H/I = 91 (A/m)/A, B/I = 115 µT/A = 1,15 G/A $\qquad 10^{-4}$ T = 1 G

Relative Homogenitätsabweichung:
innerhalb eines 1 m^3-Würfels im Zentrum der Spule bezogen auf das Zentrum.

$(H_{Zentrum} - H_{min/max}) / H_{Zentrum} \times 100\,\% = 9\,\%$

Maximal erzielbare Feldstärken H bzw. Flußdichten B aufgrund der vorhandenen Einspeisegeneratoren.

0 Hz:	1800 A/m	2,263 mT	22,63 G
50 Hz:	900 A/m	1,13 mT	11,3 G
15...1000 Hz:	25 A/m	0,031 mT	0,31 G

B (T,Vs/m^2) = H(A/m) * μ_0(Vs/Am) $\mu_0 = 1{,}257 * 10^{-6}$Vs/Am

Elektrische Daten:

Gleichstromwiderstand: R = 1,1 Ohm
Induktivität: L = 71 mH

Konstruktive Daten:

Spulenart: Luftspule auf Holzrahmen, auf rollbarem Untersatz
Spulenfläche: quadratisch, 1,7 m Kantenlänge
Spulenlänge: 1,9 m
Wickeldaten: Einlagig, Windungsabstand gleichmäßig 8,5 mm
Fachkupfer 6x4 mm, 1530 m, 220 Windungen
Gesamtgewicht: ca. 350 kg

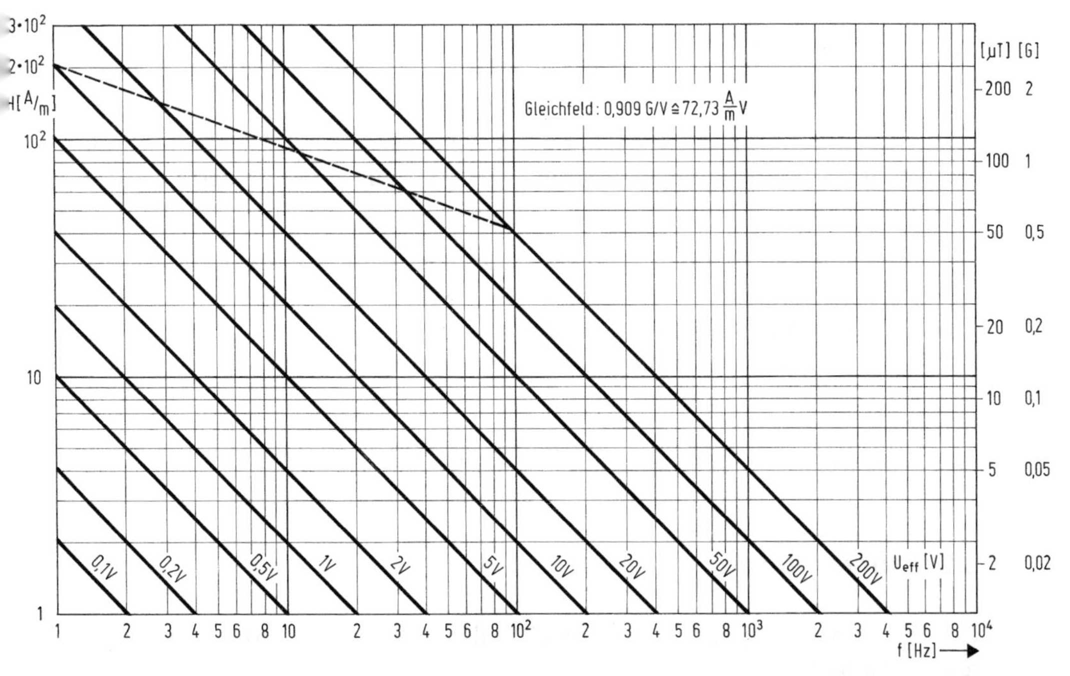

Diagramm 2.4 Feldstärke und magnetische Flußdichte (1 G = 80 A/m) für die auf der Vorseite spezifizierte Beinflussungsspule

3 Simulation der Beeinflussung von elektromagnetischen Feldern durch leitungsgeführte Störgrößen (9 kHz–80 MHz/230 MHz)

Das Verfahren nutzt die Tatsache, daß leitende Gehäuse, Leitungen und Leitungsschirme als Antenne wirken und die elektromagnetischen Wellen in Hochfrequenzströme/-spannungen umsetzen.

Die Strom-/Spannungs-Einspeisung erfolgt deshalb direkt auf Leitungen und Schirme.

Die Methode eignet sich unter 80 MHz für kleine und große Prüflinge gleichermaßen. Ein weiterer Vorteil ist, daß die benötigte Generator-Ausgangsleistung erheblich niedriger liegt.

3.1 Normative Festlegungen

Eine gut reproduzierbare Methode, gestrahlte Felder im Frequenzbereich der geleiteten Störgrößen bis 30 MHz und darüber auch für kleine Prüflinge zu simulieren, ist derzeit in der VG- Norm VG 95373, Teil 14 (Grenzwerte Teil 24) beschrieben (Abb. 3.1).

Eine Weiterentwicklung der Methode findet derzeit international in der IEC SC 65A WG4 statt und liegt als Sekretariatsvorschlag
65A (Secretariat) 131 bzw. 77B (Secretariat) 91
zur Stellungnahme bei den nationalen Normungsorganisationen vor, die dann als
IEC 801-6 erscheinen,
bzw. in die Reihe IEC 1000-4-.. überführt werden soll.

3.2 Prüfverfahren

Der Prüfaufbau entspricht im wesentlichen dem der anderen EMV-Prüfverfahren und enthält

- einen Generator mit ausreichender Leistung (Verstärker)

- eine Kopplungs-/Entkopplungs-Einrichtung
- zusätzliche Abschluß- und Anpaßglieder (50/150 Ohm)
- Meßgeräte zur Kontrolle der eingekoppelten Prüfstörgröße
- Zubehör, wie Masseplatte, koaxiale Verbindungsleitungen und Anschlußadapter usw.

Bei der Diskussion dieses Standards wird eine Vereinfachung des bei der VG-Norm notwendigen Überwachungsaufwandes (Strom-/Spannungsmessung) am Einkoppelpunkt der Störgröße angestrebt. Ferner wird die Leitungs-Impedanz mit 150 Ohm (anstatt 50 Ohm) als repräsentativ angesehen.

Zur Vermeidung von unerwünschten Resonanzen auf dem koaxialen Verbindungskabel zwischen Generator-Leistungs-Ausgang und dem Einkoppelpunkt ist im Frequenzbereich oberhalb von 10 MHz ein koaxialer Abschlußwiderstand vor dem Einkoppelpunkt einzufügen.

Auswahl des Prüfverfahrens im Frequenzbereich zwischen 80 MHz und 230 MHz:

In diesem Überlappungsbereich ist abhängig von den Abmessungen des Prüflings und der angeschlossenen Leitungen (Installations-Bedingungen) die Methode der Strom-/Spannungseinkopplung so lange anwendbar, bis die Kantenlänge des Prüflings in die Größenordnung von Lambda/2 kommt.

Hierzu ein Beispiel:
Ist die größte Kantenlänge des zu prüfenden Gerätes 1 m, so liegt die obere Grenzfrequenz entsprechend Lambda = 2 m bei 150 MHz.

In der Gerätespezifikation oder dem relevanten Produkt-Standard muß dann verbindlich erklärt werden, daß die Prüfung bis zu dieser Frequenz (im Beispiel 150 MHz oder darunter) nach IEC 801-6 durchzuführen ist.

Im Frequenzbereich darüber ist nach der Feldmethode durch Anstrahlung (siehe Abschnitt 4) zu prüfen. Eine überlappende Prüfung nach beiden Methoden mit anschließendem Vergleich der Ergebnisse ist nicht erlaubt, um Streitigkeiten zu vermeiden.

Abhängig von der Länge der an das Prüfobjekt angeschlossenen Leitungen ist auch die Frequenz festzulegen, bei der die Beanspruchung beginnen soll. Damit wird eine unrealistisch hohe Beanspruchung im tieferen Frequenzbereich vermieden.

3.3 Grenzwerte

Die drei Grenzwerte 1 V, 3 V und 10 V ergeben sich aus den von der Feldbeeinflussung abgeleiteten Feldstärken unter Berücksichtigung des ungünstigen Falles, wenn die angeschlossene Leitung als Antenne einen Parallel- oder Serienresonanzkreis bildet.

Zur Begrenzung des Stromes sind am Einkoppelpunkt die erwähnten Serienwiderstände von 50 Ohm (unsymmetrisch betriebene Stromkreise, Abb. 3.2) oder 100 Ohm (symmetrisch betriebene Stromkreise, Abb. 3.3) vorgeschlagen. Damit entfällt die Stromüberwachung.

Eine Betrachtung der Umweltklassen ist im Abschnitt 4.3 enthalten.

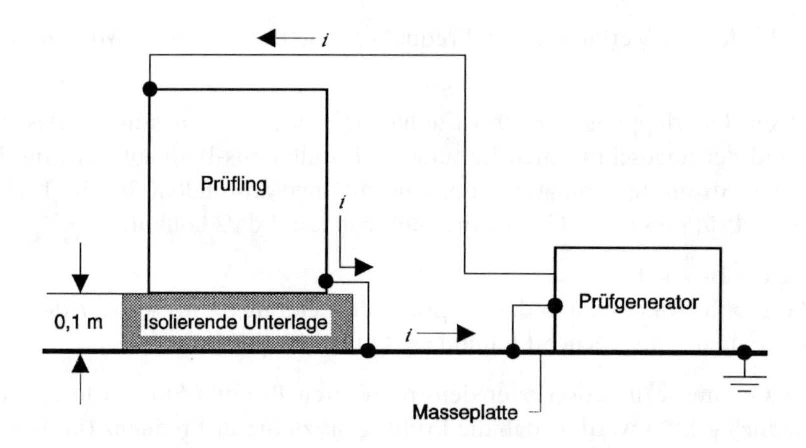

Abb. 3.1 Meßanordnung zur HF-Bestromung von leitenden Gehäusen (Prinzip)

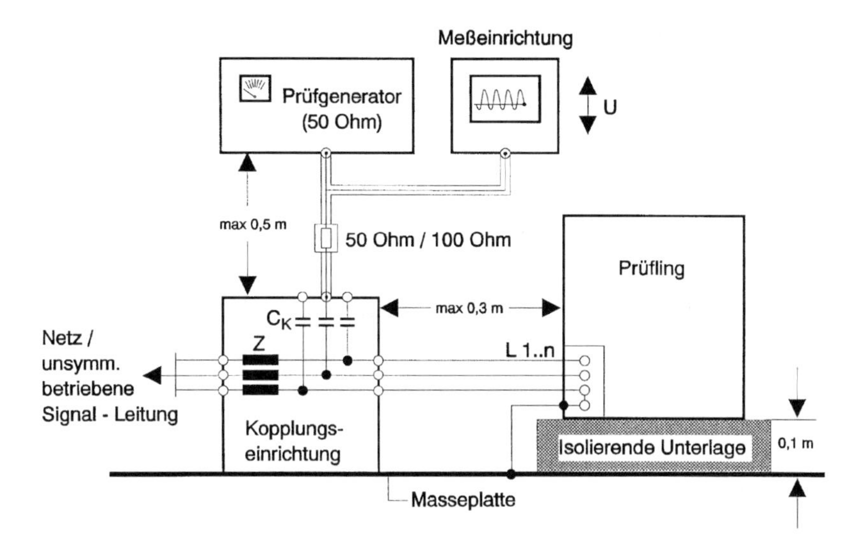

Abb. 3.2 Meßanordnung zur Einkopplung von schmalbandigen Störgrößen auf ungeschirmte, unsymmetrisch betriebene Signalleitungen

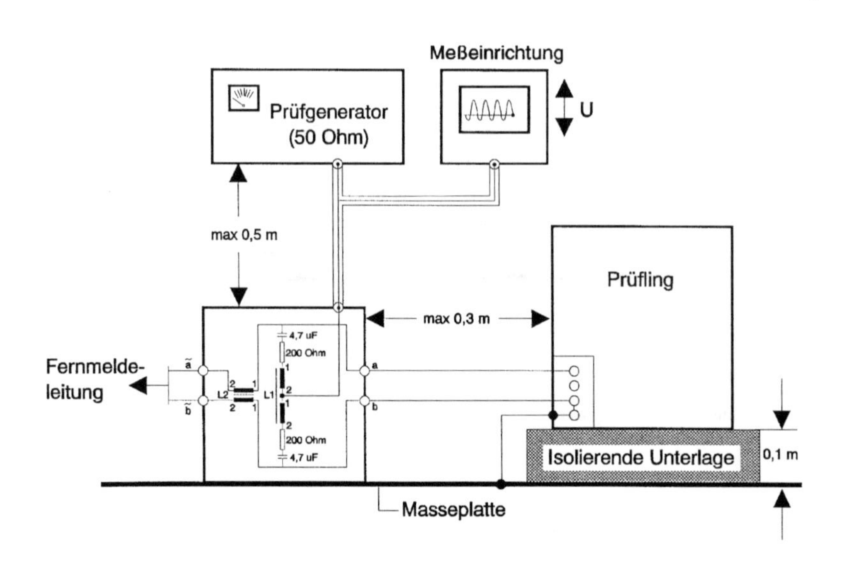

Abb. 3.3 Meßanordnung zur Einkopplung von schmalbandigen Störgrößen auf ungeschirmte, symmetrisch betriebene Signalleitungen

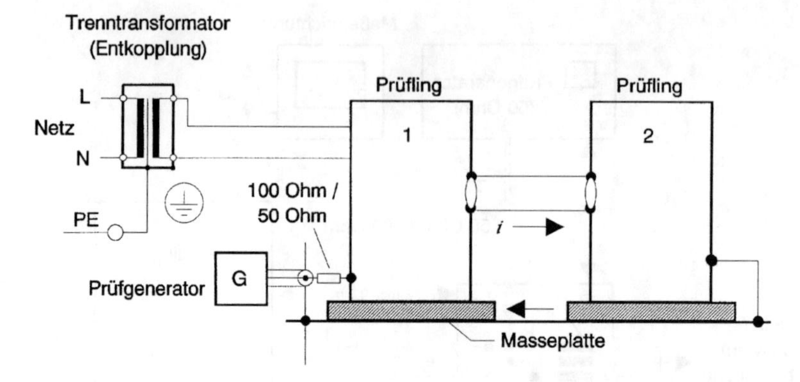

Abb. 3.4 Meßanordnung zur HF-Bestromung von Leitungsschirmen und Schirmgehäusen

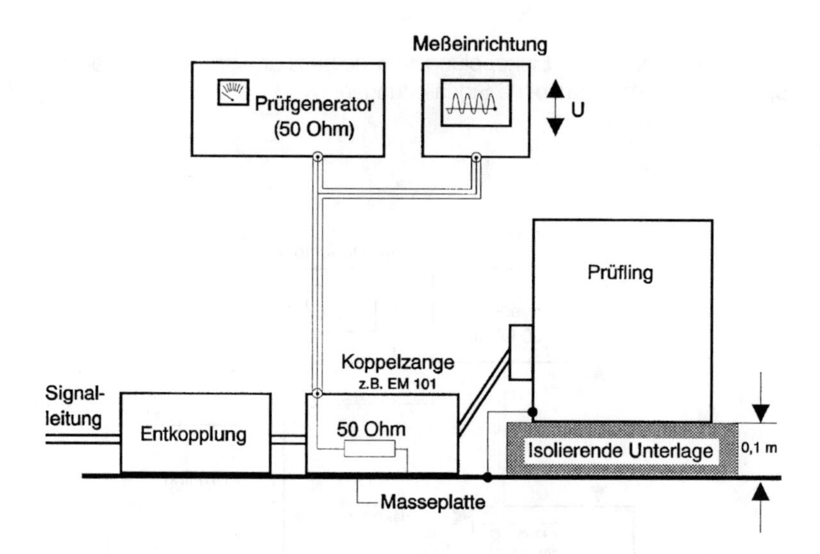

Abb. 3.5 Meßanordnung zur Einkopplung von schmalbandigen Störgrößen auf konfektionierte (geschirmte) Leitungen

4 Simulation von elektromagnetischen Feldern

4.1 Simulation von elektromagnetischen Feldern (26 MHz – 500 MHz) nach dem bisherigen Standard IEC 801-3, 1984

Die Verfahren der elektromagnetischen Bestrahlung von Prüflingen werden insbesondere im militärischen Bereich seit Jahren angewendet (MIL-Standard 461/462, VG 95373/374).
Der zivile Bereich beschränkte sich bisher wegen des z.T. doch beträchtlichen Aufwandes im Bedarfsfalle auf die Prüfung mit Hand-Funksprechgeräten (VDI/VDE-Richtlinie 2190/2191).

Diese Festlegung ist aber insbesondere im Hinblick auf die internationale Normung unbefriedigend. Eine Arbeitsgruppe im TC 65 der IEC hat deshalb Festlegungen mit abgestuftem Prüfaufwand ausgearbeitet, die als
IEC-Publikation 801-3 (INTERNATIONAL) 1984

= HD 481-3 (CENELEC, EUROPA)
= DIN VDE 0843, T.3 (NATIONAL)

erschienen sind. Es werden dort drei Prüfverfahren angegeben:

Simulation in der Parallelstreifenleitung

Die Parallelstreifenleitung besteht im wesentlichen aus zwei Kondensatorplatten, wobei der HF-Generator an einer Seite über eine entsprechende Anpassung die HF-Energie einspeist und die Gegenseite über einen Widerstand abgeschlossen ist (Abb. 4.1).

Diese Methode wird sowohl im Frequenzbereich (27 MHz – ca. 200 MHz), als auch von der Prüflingsgröße (Kantenlänge ca. 30 cm oder ein Drittel des Plattenabstandes) begrenzt. Die angeschlossenen Leitungen werden von der Feldbeanspruchung praktisch nicht erfaßt!

Simulation in der geschirmten Meßkabine

Eine Bestrahlung in der geschirmten Meßkabine (Abb. 4.2) ist dann möglich, wenn die Feldstärke am Aufstellungsort des Prüflings kontrolliert werden

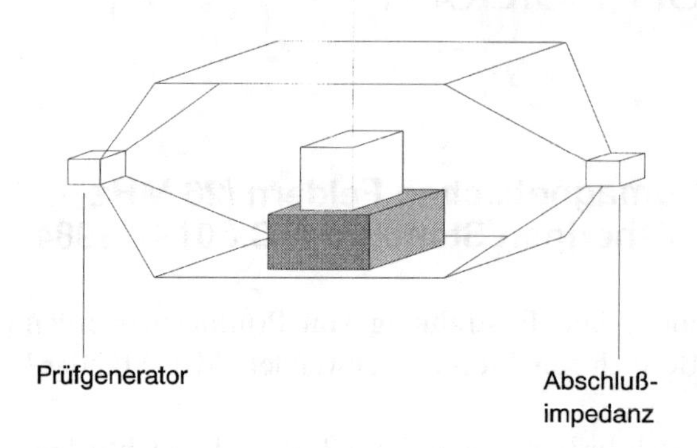

Abb. 4.1 Prinzipielle Meßanordnung in der Parallelstreifenleitung

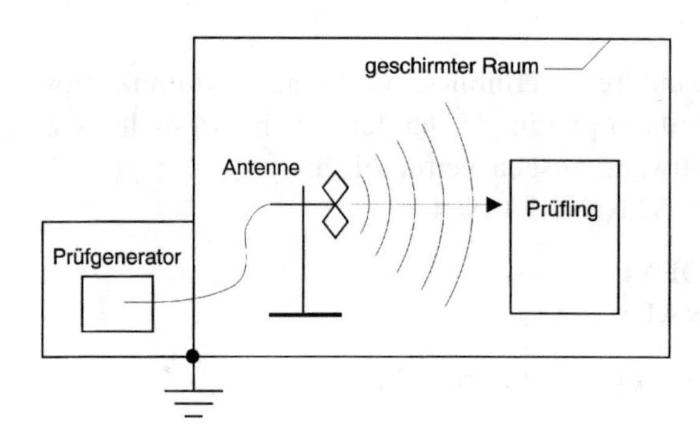

Abb. 4.2 Meßanordnung in der geschirmten Meßkabine

kann. Abhängig von der Größe und dem Dämpfungsverlauf des geschirmten Raumes können sowohl der Frequenzbereich erweitert (10 kHz – 1 GHz), als auch die Abmessungen des Prüflings größer sein (Kantenl. ca. 1 m).

Simulation in der Absorberhalle

Für Messungen an größeren Prüflingen (Schränke, Anlagen) bleibt nur die Verwendung einer geschirmten und mit HF-Absorbern ausgekleideten Halle, um eine einigermaßen homogene Feldverteilung zu erreichen.
Erläuterungen zum neuen Entwurf der z.Zt. in der Überarbeitung befindlichen IEC-Publikation 801-3, sind im anschließenden Abschnitt 4 zu finden.
Meßanordnungen für verschiedene Gerätearten und ein komplettes System zeigen die Abb. 4.3 und 4.4.

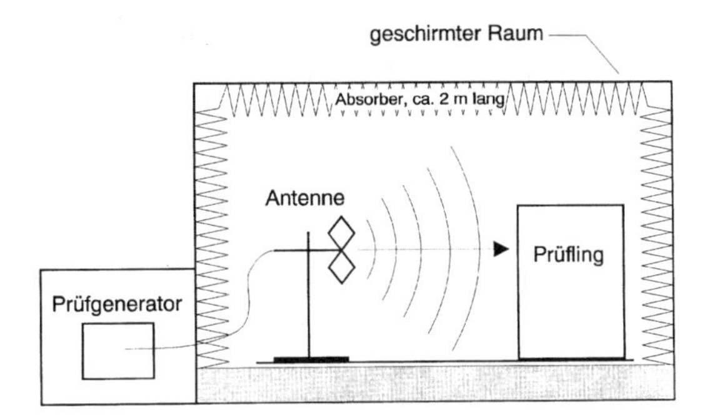

Abb. 4.3 Meßanordnung in der Absorberhalle

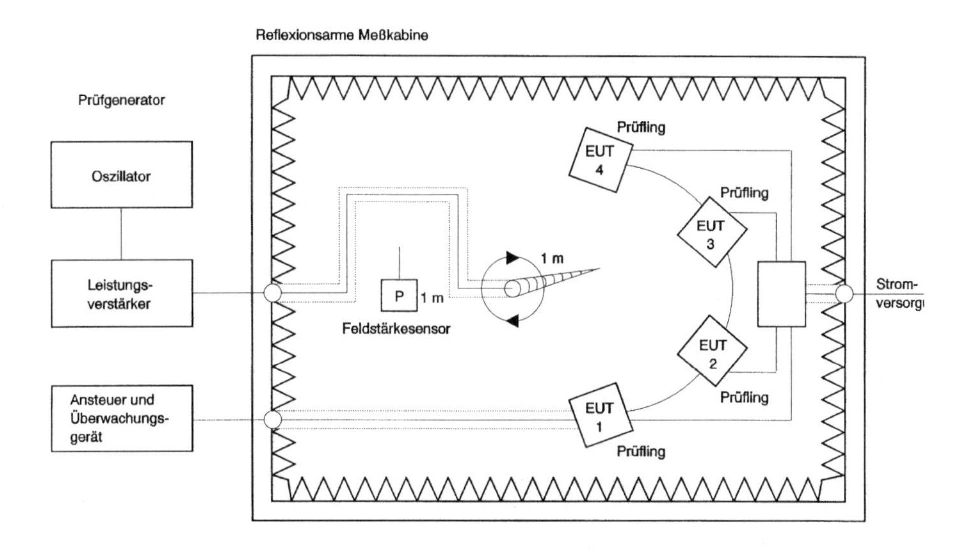

Abb. 4.4 Meßanordnug für ein System, bestehend aus mehreren Funktionseinheiten

4.2 Simulation von elektromagnetischen Feldern (80 MHz – 1 GHz) nach dem neuen Entwurf für die IEC-Publikaton 801-3

Der Entwurf der geänderten IEC-Publikation 801-3 unterscheidet sich im wesentlichen in folgenden Punkten vom bisherigen Standard:

- Der Frequenzbereich wird auf 1 GHz ausgedehnt.

- Die Messungen werden mit moduliertem Trägersignal (z.B. 1 kHz, 80 % Modulation) durchgeführt.
- Der Entwurf erwähnt sowohl den Voll-Absorberraum, als auch einen modifizierten Absorberraum mit reflektierender Bodenfläche für Störaussendungsmessungen nach CISPR 16. Bei der praktischen Anwendung der Norm ist zu ermitteln, inwieweit sich Abweichungen ergeben. Zu empfehlen ist in jedem Falle die Realisierung eines Absorberraumes, der mit einer absorbierenden Bodenfläche ausgestattet ist, damit die vorgeschriebene homogene Feldverteilung in dem Toleranzband 0 bis +6 dB liegt.
- Generatoren, Verstärker und Zubehör sind zur Vermeidung von unzulässigen Beeinflussungen vom Testraum für den Prüfling in einem eigenen geschirmten Raum unterzubringen.
- Zur Sicherstellung reproduzierbarer Testergebnisse ist die Kalibrierung der Prüffeldstärke für den Meßplatz vorgeschrieben.
- Die Auswahl der Testmethode zur Ermittlung der Störfestigkeit gegen elektromagnetische Felder findet besondere Beachtung mit dem Hinweis auf den ebenfalls zur Stellungnahme vorliegenden Teil 6 der Reihe IEC 801 „IMMUNITY TO CONDUCTED DISTURBANCES, INDUCED BY RADIO FREQUENCY FIELDS ABOVE 9 KHZ“, wobei im Überlappungsbereich zwischen 80 MHz und 230 MHz entsprechend den Prüflings-Abmessungen und Installationsbedingungen eine der beiden Methoden als verbindlich erklärt werden muß (z.B. bei den produktspezifischen Festlegungen). Hierzu siehe auch Abschnitt 3.
- Die Verwendung von TEM-Zellen, Parallelstreifenleitungen und geschirmte Räume mit teilweise absorbierenden Flächen sind nicht mehr im Hauptteil des Standards, sondern im informativen Anhang zu finden. Der Grund dafür liegt in der teilweisen Beschränktheit dieser Methoden im Bezug auf Prüflingsgröße, Frequenzbereich, Reproduzierbarkeit u.a. Die Verwendung einer der Testmethoden kann im Einzelfall sinvoll sein, weil z.B. der Nachweis der Störfestigkeit gegen Feldbeeinflussungen nur an Prüflingen mit kleinen räumlichen Abmessungen und wenigen externen Anschlußleitungen zu erbringen ist.

Die folgenden Abb. im Kapitel 5 zeigen typische Meßanordnungen für Geräte sowie aus dem bisherigen Standard ein Beispiel einer Meßanordnung für ein System, bestehend aus mehreren Funktionseinheiten.

4.3 Grenzwerte und Umgebungsklassen

Das neue Entwurfspapier sieht wie der derzeit gültige Standard IEC 801-3 drei Grenzwerte vor mit

1 V/m, 3 V/m und 10 V/m.

Wie bei den anderen Standards der Serie IEC 801 ist ein Grenzwert nach Vereinbarung oder durch Festlegung in einem Produktstandard möglich. Nachstehend sind Umgebungsklassen aus dem Entwurf DIN VDE 0839, Teil 10, Jan. 1990 wiedergegeben, die eine grobe Vorstellung von in der Realität vorkommenden Umgebungs- Feldstärken in Abhängigkeit von der Sendefeldstärke, dem Fequenzbereich und dem Abstand vermitteln.

Umgebungsklasse 1 mit Feldstärken bis max. 1 V/m:
Bereiche mit besonderen Maßnahmen zur Reduzierung von außen einwirkenden Störgrößen, z.B. Tonstudios, keine Sprechfunkgeräte.

Umgebungsklasse 2 mit Feldstärken bis max. 3 V/m:
Bereiche in der Umgebung von

- Rundfunksendern (MW), Leistung 100 kW, Entfernung > 500 m, unter der Voraussetzung einer Gebäudedämpfung von 10 dB
- Amateurfunksendern, Leistung 100 W, Entfernung > 10 m,
- Sprechfunkgeräten, Leistung 6 W, Entfernung > 2 m,
- Sprechfunkgeräten, Leistung 2 W, Entfernung > 1 m.

Umgebungsklasse 3 mit Feldstärken bis max. 10 V/m:
Bereich in der Umgebung von

- Rundfunksendern (MW/KW), Leistung 100 kW, Entfernung > 500 m, keine Dämpfung durch Gebäude,
- Amateurfunksendern, Leistung 100 W, Entfernung > 5 m,
- Sprechfunkgeräten, Leistung 6 W, Entfernung > 1 m,
- Sprechfunkgeräten, Leistung 2 W, Entfernung > 0,5 m.

Umgebungsklasse 4 mit Feldstärken bis max. 30 V/m:
Bereich in der Umgebung von

- Rundfunksendern (MW), Leistung 100 kW, Entfernung > 250 m, keine Dämpfung durch Gebäude,
- Rundfunksendern (KW), Leistung 500 kW, Entfernung > 250 m, keine Dämpfung durch Gebäude,
- Sprechfunkgeräten, Leistung 6 W, Entfernung > 0,5 m,
- Sprechfunkgeräten, Leistung 2 W, Entfernung > 0,25 m,
- industriellen Hochfrequenzgeräten (ISM)

5 Alternative Testmethoden zur Simulation von elektromagnetischen Feldern

Auf die nachfolgend beschriebenen alternativen Testmethoden wird nur kurz eingegangen, da ihr Anwendungsbereich – wie bereits im vorigen Abschnitt erwähnt – begrenzt ist.

5.1 Parallel-Streifenleitung

Eine etwas detailliertere Darstellung der Parallel-Streifenleitung zeigt Abb. 5.1. Die koaxiale Zuleitung wird durch unsymmetrisches „Aufblähen“ zu einem offenen Wellenleiter ausgestaltet. Besonders beachtet werden muß, daß

- trotz vorheriger Kalibrierung die Rückwirkung durch den Prüfling auf die Prüfstörgröße (Feld) nicht vernachlässigbar ist,
- nur maximal 1/3 der Höhe des Prüfraumes genutzt werden kann,

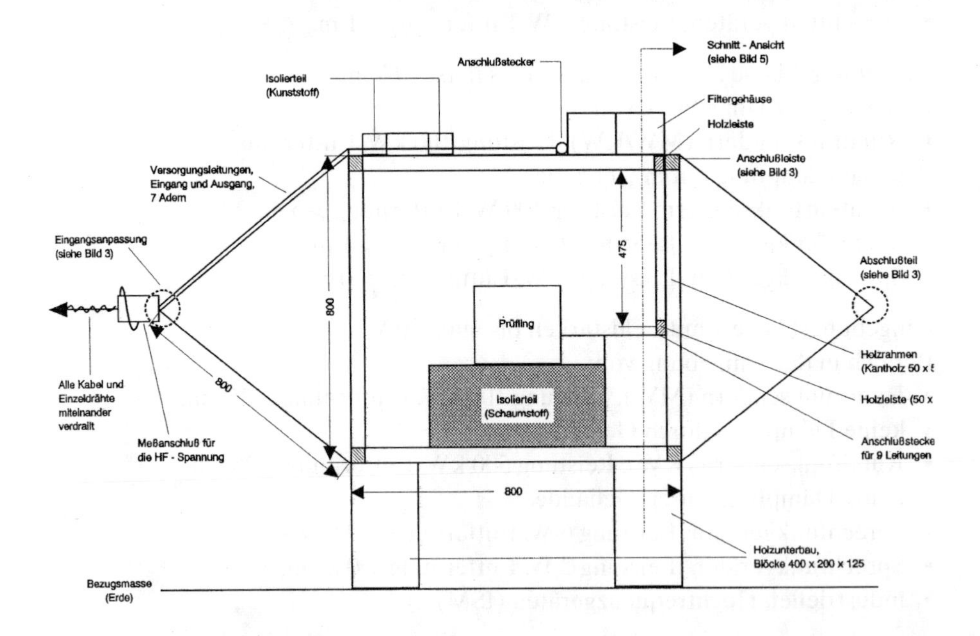

Abb. 5.1 Meßanordnung mit offenem Wellenleiter (Streifenleitung)

- der Frequenzbereich zur Erzeugung einigermaßen homogener Felder sich bis etwa 200 MHz als technisch praktikabel erwiesen hat,
- die Zuleitungen zum Püfling nur unzureichend durch das Feld erfaßt werden und beim Verlassen der Streifenleitung ein entsprechender Abschluß notwendig ist und
- die gesamte Meßanordnung einen nicht unerheblichen Anteil der Energie abstrahlt (Funkstör-Strahlung).

5.2 TEM-Zelle

Eine technische Verbesserung der Streifenleitung stellt die TEM-Zelle dar (Abb. 5.2). Die Erweiterung des koaxialen Außenleiters um den Mittelleiter führt zu einer transversalen (symmetrischen Anordnung), bei der allerdings nur die Hälfte des Prüfraumes zur Verfügung steht. Für den Abschluß des extern an den Prüfling angeschlossenen Leitungen gilt das gleiche wie bei der Streifenleitung.

5.3 Asymmetrische Breitband TEM-Zelle

Diese Konstruktion (Abb. 5.3) ist eine Weiterentwicklung der TEM- Zelle, wobei sowohl der Frequenzbereich ausgedehnt, als auch die Größe des Prüfvolumens im Verhältnis zur Größe der Meßzelle verbessert wurde. Erfahrungen mit dieser Art von Prüfeinrichtung liegen dem Verfasser nicht vor.

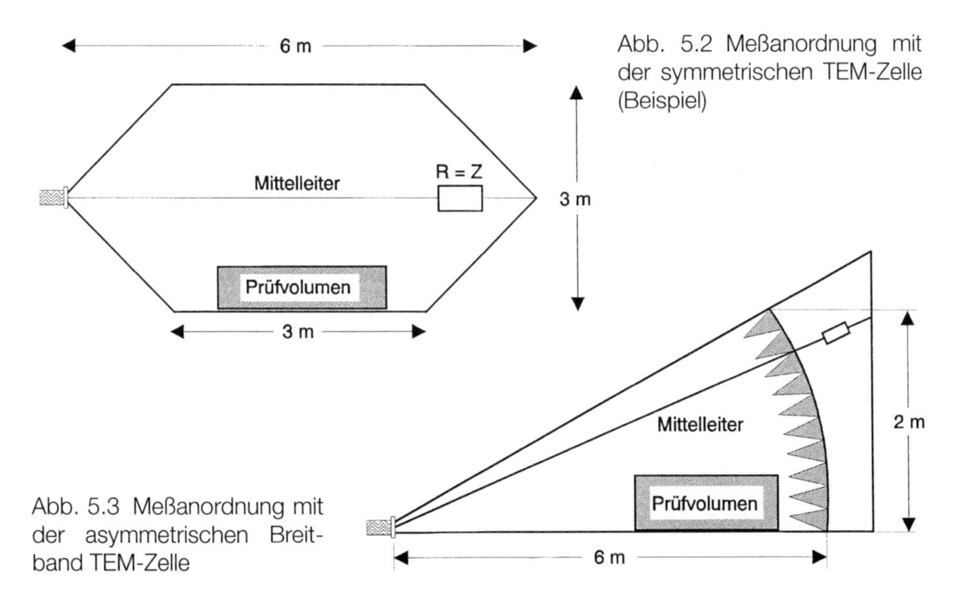

Abb. 5.2 Meßanordnung mit der symmetrischen TEM-Zelle (Beispiel)

Abb. 5.3 Meßanordnung mit der asymmetrischen Breitband TEM-Zelle

Literatur

1. IEC-Publikation 801-3,	Radiated electromagnetic field requirements
2. IEC-Publikation 801-3,	Second Edition, 65A(Sec.)121, 77B(Sec.)88 Immunity to radiated, radio frequency, electromagnetic fields
3. IEC-Publikation 801-6,	Draft, 65A (Sec.) 131 bzw. 77B (Sec.) 91 Immunity to conducted disturbances induced by radio frequency fields above 9 kHz
4. VG 95373, Teil 13,	Meßverfahren für Störfestigkeit gegen Felder
5. VG 95373, Teil 14,	Meßverfahren für Störfestigkeit gegen leitungsgeführte Störsignale
6. VDI/VDE-Richtlinie 2190/2191	Beschreibung und Untersuchung stetiger Regelgeräte
7. DIN VDE 0839, T. 10, (Entwurf)	EMV-Umgebungsklassen
8. DIN VDE 0847, T. 4, (Entwurf)	Meßverfahren zur Beurteilung der EMV, Störfestigkeit gegen gestrahlte Störgrößen
9. DIN VDE 0872, T. 2,	Störfestigkeitsanforderungen für Ton- und Fernseh-Rundfunkempfänger
10. DIN VDE 0878, T. 200, (Entwurf 87)	Fernmeldeanlagen, Störfestigkeit von Teilnehmereinrichtungen
11. DIN IEC 770	Beurteilung des Betriebsverhaltens von Meßumformern und Reglern der Meß- und Prozeßtechnik
12. MIL-Standard 461/462,	Electromagnetic interference characteristics, requirements and measurements